黄河沙坡头水利枢纽工程
地质研究

杨计申　洪海涛　高金平　乔东玉 著

黄河水利出版社

内 容 提 要

本书对沙坡头水利枢纽区域地质环境、坝址环境地质等进行了系统分析和研究。利用系统论方法，对地质勘察工作设计和地质勘察工作过程进行动态管理；利用岩体结构控制理论，提出了"构造型极软岩"的概念；全面、系统地分析、论述构造型极软岩岩体结构特征、物理特性和强度特性，评价坝基地质环境，预测工程环境地质问题。

本书内容丰富，资料翔实，实用性强，对类似工程具有一定的指导意义，可供工程技术人员在进行地质勘察工作设计和地质勘察技术管理时参考。

图书在版编目(CIP)数据

黄河沙坡头水利枢纽工程地质研究/杨计申等著.
郑州:黄河水利出版社,2007.4
ISBN 978-7-80734-199-4

Ⅰ.黄⋯　Ⅱ.杨⋯　Ⅲ.黄河-水利枢纽-工程
地质-研究-中卫县　Ⅳ.P642.424.34

中国版本图书馆 CIP 数据核字(2007)第 052700 号

组稿编辑:王路平　电话:0371-66022212　E-mail:wlp@yrcp.com

出　版　社:黄河水利出版社
　　　　　地址:河南省郑州市金水路 11 号　　　邮政编码:450003
发行单位:黄河水利出版社
　　　　　发行部电话:0371-66026940、66020550、66028024、66022620(传真)
　　　　　E-mail:hhslcbs@126.com
承印单位:河南省瑞光印务股份有限公司
开本:787 mm×1 092 mm　1/16
印张:11.5
字数:265 千字　　　　　　　　　　　　　印数:1—1 200
版次:2007 年 4 月第 1 版　　　　　　　　印次:2007 年 4 月第 1 次印刷

书号:ISBN 978-7-80734-199-4/P·67　　　　定价:29.00 元

前　言

　　水利水电工程地质勘察是水利水电工程规划、设计和施工极为重要的基础工作之一。在水利水电工程建设中，随着工程规模的增大，适宜建坝的地质环境相应减少，工程地质环境问题也日趋复杂，区域构造稳定、坝基抗滑、边坡稳定、渗透稳定及水库地质环境等问题越来越突出，使工程地质环境勘察面临的任务更加艰巨，难度更大。因此，如何运用先进的地质勘察技术、先进的地质勘察设计，使地质勘察成果向定量发展，全面评价水利水电工程地质环境、预测工程地质环境问题，是目前工程地质工作者努力的方向。为此，我们以黄河沙坡头水利枢纽工程的实际地质勘察工作设计和工程建设、运行检验的翔实资料，详细论述了利用系统论思想指导地质勘察工作设计和地质勘察工作过程中的动态管理；利用岩体结构控制论提出"构造型极软岩"的概念及其岩体物理、力学特征；利用构造型极软岩岩体结构强度评价坝基地质环境、预测工程地质环境问题等，供工程地质工作者参考。

　　在本书编写出版过程中，得到了中水北方勘测设计研究有限责任公司勘察院各级领导和中国科学院地质与地球物理研究所周瑞光教授等的大力支持和帮助，中水北方勘测设计研究有限责任公司勘察院高级工程师黄翠稳同志绘制了本书的大部分插图，在此一并表示感谢！

　　由于我们水平所限，错误难免，敬请读者批评指正。

作　者

2006 年 8 月

目 录

第1章 水利水电工程地质勘察设计

1.1 水利水电工程地质勘察的意义及特点

1.1.1 水利水电工程地质勘察的意义

工程地质是地质学的一个分支学科,作为一门综合性学科和应用性科学,涵盖着诸多专业学科领域。但工程地质学科的应用和发展与人类的生产活动密不可分。所以工程地质学是研究与工程有关的地质问题的科学,是研究人类工程建设活动与自然地质环境相互作用和相互影响的一门地质科学。

水利水电工程地质勘察是工程地质在水利水电工程建设中重要的基础性工作。水利水电工程因工程地质环境未查清或遗漏主要工程地质问题,造成工程失事或施工开挖后设计方案变更的事例,无论在国外或国内时有发生。纠其原因,大多是对工程地质勘察重视不够、勘察精度不高、勘察方法不当、分析判断有误等,导致对地质规律认识不深、对地质环境评价不准。因此,工程地质勘察对水利水电工程设计和施工具有重要的现实意义。离开了对工程地质环境深入、全面的研究,就无法选定水工建筑物的最佳地段或地点,无法确定适合地形地质环境的建筑物类型、合理的工程布置和科学的施工方法。在施工和建筑物运行过程中,还可能出现一些预料不到的环境地质问题,无论工程建设成功与否,都将对地质环境造成较大的影响。通过较好的工程地质勘测工作,不仅能及早发现地质环境问题,更重要的是针对地质环境问题,能进行实事求是的地质评价,以达到精心设计、精心施工的目的。

1.1.2 水利水电工程地质勘察的特点

在水利水电工程中许多重大地质问题无不与水有关,故其一旦失事,对环境的影响和危害远比其他工程要大。水利水电工程的这些特点,决定了水利水电工程地质环境和环境地质问题的复杂性,以及水利水电工程地质勘察的深度、广度都比一般工程地基的地质勘察工作要深、要广,所以地质勘察难度大,勘察周期亦较长。水利水电工程地质勘察具有以下特点。

1.1.2.1 特殊性与复杂性

由于水利水电工程建设自身的特殊性和复杂性,使得水利水电工程地质不同于其他行业,它涉及面最广、问题最复杂、任务亦最艰巨,可以说是业界的龙头。

首先,水利水电工程建设的特殊性表现在工程建筑物的特殊性上。工业与民用建筑可以见到基本相同甚至完全相同的建筑物,可以部分或全部套用标准设计图纸。水工建筑物则不然,世界上有成千上万座水库大坝,很难找到两座完全相同的大坝。决定大坝的规模、坝型、结构等工程要素的自然条件很复杂,而工程地质条件是最主要的自然条件之一。其次,水工建筑物的特殊性还表现在与水打交道,所承受的主要荷载是水荷载。水利水电工程不允许失事,一旦失事,损失将十分惨重。

　　水利水电工程建设的复杂性主要表现为工程规模大,专业多,涉及面广,投资大,工期长,建筑物的形式、结构、功能、荷载组合等都十分复杂,特别是大型、特大型水利水电工程更是如此。例如举世瞩目的三峡水利枢纽工程,涉及到政治、经济、社会、资源、环境、文化等方方面面,很难找到其他基建工程可以等同于这样的水利水电工程。因此,水利水电工程地质专业的特殊性与复杂性是由水利水电工程建设的特殊性和复杂性所决定的,同时,工程区自然地质环境的复杂性也决定了这个专业的技术难度。

1.1.2.2　实践性与经验性

　　水利水电工程地质的另一特点是具有很强的实践性与经验性。工程地质决策不是计算和试验所能左右的,它很大程度上取决于工程经验,即使是十分成功的工程,也很难证明它既安全可靠又经济合理。余秋雨大师讲:"在文化面前没有人可以当老师。"站在地质工作者的角度,暂且不评论这句话对与不对,但对地质勘察工作而言,我们认为"在地质勘察工作面前没有人可以当老师",意思是说,谁收集、掌握第一性资料最多,谁能实事求是地科学分析和运用第一性资料,谁就是老师。这一方面也说明地质勘察工作具有很强的实践性,另一方面也说明水利水电工程地质勘察中收集、掌握和分析、运用第一性资料的重要性。只有充分运用第一性资料,结合诸多工程经验,采用反衍思路分析地质环境的形成过程,判断工程地质环境,预测工程环境地质问题,才能真正认识地质环境,达到适应和利用地质环境的目的。

　　许多工程实例足以说明实践性与经验性的重要和必要。有些工程从分析计算上看是安全的,实际却出了问题;而另一些工程通过计算认为不安全,但却安全运行了数十年。因此,搞工程建设,工程经验往往是很重要的。

1.1.2.3　工程地质问题的长期性与隐伏性

　　水利水电工程地质的第三大特点是在地质体中留下的工程隐患具有长期性和隐伏性,甚至具有不可预见性。法国 Malpasset 拱坝失事和意大利 Vajont 水库大滑坡,均为水工史上震惊世界的惨痛教训,其地质隐患在整个勘测设计施工的全过程中没有丝毫警觉。葛洲坝工程坝基软弱夹层问题导致工程停工,重新补充勘探并对设计进行重大修改。南盘江天生桥二级水电站厂房建在一个古滑坡上,开工后实在施工不下去了,搬出滑坡体后又位于另一个滑坡体的脚下。该电站的引水隧洞工程地质条件更是复杂得令建设者们防不胜防。由于地质体中留下的工程隐患造成的工程事故,轻则修改设计,重则工程报废或造成生命财产的重大损失,这样的例子实在太多,举不胜数。

1.1.2.4 工程地质的"黑箱"特性

工程地质体一般都是由岩(土)体组成的,任何岩(土)体(特别是岩体)都具有一定的结构。但岩(土)体的内部结构是不可直接观察的,只有通过钻探、物探等间接手段来了解岩(土)体的大体结构(如滑坡体的滑面)。由于岩(土)体结构本身的复杂性,用上述方法所得岩体内部结构往往是局部的、片面的,有时与真实情况相差甚远,甚至是错误的。因此,从岩(土)体内部不可直接观察这个角度讲,任何地质体都是一个"黑箱",也正是这种"黑箱"特性限制了人们对地质体的正确认识,特别是定量化描述,当然也就阻止了地球科学的迅速发展。也就是说,地质体中某些性质的确是测不准的。据此,我们可以将工程地质测不准原理表述为:地质体的工程性质不可能用绝对准确的参数来确定,它们只能是通过地质测绘、勘探、试验、分析、统计和经验判断后提出一个建议区间值,供设计师根据建筑物的性质在这个区间值中选取设计采用值。

1.2 水利水电工程地质勘察的任务及手段

水利水电工程地质勘察的任务就是应用工程地质学原理和其他相关学科的理论,通过各种勘察手段和方法,对水利水电工程建设地区的地质环境和环境地质问题进行勘察和研究。要查清建设场址及相关区域内与工程建设有关的各类地质问题,为工程的规划(决策)、设计、施工及安全运行提供必需的资料。

一般而言,水利水电工程地质勘察的主要任务是:

(1)选址,选择地质条件相对最优的工程建筑地区或场地;

(2)评价,阐明工程建筑区或场地的工程地质条件,进行定性和定量的工程地质评价,准确界定工程地质问题;

(3)预测工程建筑物兴建和运行过程中地质条件可能发生的变化,为研究改善和治理工程地质缺陷的地质工程措施提供依据;

(4)调查工程建筑物所需的天然建筑材料等。

归纳起来,水利水电工程地质勘察的任务就是:为工程建设提供基础性和专门性地质资料,为工程选址、建筑物设计和施工以及不良地质条件的地质工程处理提供技术依据,同时对地质环境的变化——环境地质做出预测。

水利水电工程建筑物是多种多样的,需要针对不同的工程建筑物及其场址,以及不同的勘察阶段采取不同的勘察技术和手段。常用的勘察技术包括地质测绘、工程勘探(钻探工程、坑探工程)、工程物探、工程地质试验、水文地质试验、室内和现场岩土物理力学试验、遥感技术、计算机技术、地理信息系统等。对不同的水工建筑物及其建设场址要做到工程概念清晰,勘察目的明确,勘察手段合理,分析方法正确,计算可靠,参数可信,建议措施符合工程实际,勘探精度满足要求。尤其是在当今市场经济形势之下,采用合理的勘察方法和手段,保证勘察质量、缩短工作周期、减少勘察费用、避免工程失误尤为重要。

1.3 水利水电工程地质勘察的思维方法

从人类诞生以来,从未停止探索地球奥秘的步伐,但仍远不能达到预防自然灾害、消除巨大损失的目的。随着科学技术的发展,研究工程地质的科学思维方法亦不断更新,从而促进了工程地质学科的进一步发展。2001 年 1 月,中国科学院院长路甬祥把对“地球系统整体行为的集成研究”列为新世纪科学家要勇敢面对的第九大挑战。2002 年 10 月温家宝同志在中国地质学会 80 周年纪念大会上讲话时也强调,必须实现“传统地质工作向以‘地球系统科学’为核心内容的现代地质工作”的转变。所以,现代科学系统方法已成为主导工程地质勘察的思维方法。

1.3.1 系统方法论简述

系统是由若干要素以一定结构形式联结构成的具有某种功能的有机整体。系统论是研究系统的模式、结构和规律的学问。它研究各种系统的共同特征,用数学方法定量地描述其功能,寻求并确立适用于一切系统的原理、原则和数学模型,是具有逻辑和数学性质的一门新兴的科学。

系统论的核心思想是系统的整体观念。系统论创始人贝塔朗菲强调,任何系统都是一个有机的整体,它不是各个部分的机械组合或简单相加,系统的整体功能是各要素在孤立状态下所没有的新性质。他用亚里士多德的“整体大于部分之和”的名言来说明系统的整体性,反对那种认为要素性能好,整体性能一定好,以局部说明整体的机械论的观点。同时,他认为系统中各要素不是孤立地存在着,每个要素在系统中都处于一定的位置,起着特定的作用。要素之间相互关联,构成了一个不可分割的整体。要素是整体中的要素,如果将要素从系统整体中割离出来,它将失去要素的作用。正像人手在人体中,它是劳动的器官,一旦将手与人体分离,那时它将不再是劳动的器官了一样。

1.3.2 系统的特征

系统的特征可归纳为以下几点:

(1)整体性。系统由相互依赖的若干部分组成,各部分之间存在着有机的联系,构成一个综合的整体,以实现一定的功能。这表现为系统具有集合性,即构成系统的各个部分可以具有不同的功能,但它们要实现系统的整体功能,不是各部分的简单组合,而是要有统一性和整体性,要充分注意各组成部分或各层次的协调和连接,提高系统的有序性和整体的运行效果。

(2)相关性。系统中相互关联的部分或部件形成“部件集”,“集”中各部分的特性和行为相互制约、相互影响,这种相关性决定了系统的性质和形态。

(3)目的性和功能。大多数系统的活动或行为可以完成一定的功能,但不一定所有系统都有目的。人造系统或复合系统都是根据系统的目的来设定其功能的,这类系统也是系统工程研究的主要对象。水利水电工程就是具有很强的目的性和功能性。

(4)环境适应性。一个系统和包围该系统的环境之间通常都有物质、能量和信息的交换,外界环境的变化会引起系统特性的改变,这种改变相应地会使系统内各部分相互关系和功能发生变化。为了保持和恢复系统原有特性,系统必须具有对环境的适应能力。

(5)动态性。物质和运动是密不可分的,各种物质的特性、形态、结构、功能及其规律性,都是通过运动表现出来的,要认识物质首先要研究物质的运动,系统的动态性使其具有生命周期。开放系统与外界环境有物质、能量和信息的交换,系统内部结构也可以随时间变化。一般来讲,系统的发展是一个有方向的动态过程。

(6)有序性。由于系统的结构、功能和层次的动态演变有某种方向性,因而系统具有有序性。也就是说,有序能使系统趋于稳定,有目的才能使系统走向期望的稳定系统结构。

1.3.3 系统的分类

1.3.3.1 自然系统和人造系统

原始的系统都是自然系统,人造系统都是存在于自然系统之中的。人造系统和自然系统之间存在着界面,两者互相影响和渗透。在水利水电工程建设中,工程地质环境就是一个自然的系统,而水利水电工程则是一个人工系统。两者最基本的关系,就是后者如何适应前者的要求,不使前者遭受恶化或破坏。近年来,人造系统对自然系统的不良影响已成为人们关注的重要问题。有的把二者的关系弄颠倒了,将不同类型、不同结构的水工建筑物置于想象的地质环境中,给工程建设造成诸多困难,亦给工程埋下不少隐患。例如,埃及阿斯旺水坝是一个典型的人造系统,水坝解决了埃及尼罗河洪水泛滥问题,但也带来一些不良影响。

这里所说的自然系统,是由地球内、外营力塑造的地形地貌、地层岩性、构造形迹及由构造变动改造过的岩体介质、地下水储存和运移、温度、空气等自然元素组成。

这里所说的人工系统,是由水利水电工程中不同形式、不同功能的多个建筑物组成。除精心设计,考虑这些建筑物的安全外,如何使这个系统中的各类型建筑物适应一个特定的地质环境、且不会在建筑物运行后产生环境地质问题,也成为水工建筑物设计的一个重要考虑内容。

系统工程所研究的对象,大多是既包含人造系统又包含自然系统的复合系统。从系统的观点讲,对系统的分析应自上而下地而不是自下而上地进行。例如,研究系统与所处环境,环境是最上一级,先注意系统对环境的影响,然后再进行系统本身的研究,系统的最下级是组成系统的各个部分或要素。自然系统常常是复合系统的最上一级。

1.3.3.2　实体系统和抽象(概念)系统

所谓实体系统,是指以物理状态存在的作为组成要素的系统,这些实体占有一定空间,如水利水电工程建设中,地质勘察研究和水工建筑物均为实体系统。与实体系统相对应的是抽象概念系统,它是由概念、原理、假说、方法、计划、制度、程序等非物质实体构成的系统,实体系统是概念系统的基础,而概念系统往往又给实体系统提供指导和服务。例如,为实现某项水利水电工程实体,需提供计划、设计方案和目标分解,对复杂系统还要用数学模型或其他模型进行仿真,以便抽象出系统的主要因素,并进行多个方案分析,最终付诸实施。在这一过程中,计划、设计、仿真和方案分析等都属于抽象(概念)系统。

1.3.3.3　静态系统和动态系统

系统的静和动都是相对的。从某种意义上讲,可以认为在宏观上没有活动部分的结构系统或相对静止的结构系统为静态系统,例如水工建筑物、大桥、公路、房屋等。而动态系统指的是既有静态实体又有活动部分的系统。工程地质勘察就是一个动态系统。因为地质元素都在不停的运动着,也正是这些不停运动着的元素构成了千差万别的地质环境。

1.3.3.4　开放系统和封闭系统

封闭系统是一个与外界无明显联系的系统,环境仅仅为系统提供了一个边界,不管外部环境有什么变化,封闭系统仍表现为其内部稳定的均衡特性。开放系统是指在系统边界上与环境有信息、物质和能量交互作用的系统。在环境发生变化时,开放系统通过系统中要素与环境的交互作用以及系统本身的调节作用,使系统达到某一稳定状态。因此,开放系统常是自调整或自适应的系统。水利水电工程建设就是一个开放系统。

1.3.4　系统论的任务

系统论的任务,不仅在于认识系统的特点和规律,更重要的还在于利用这些特点和规律去控制、管理、改造或创造一系统,使它的存在与发展合乎人的目的需要。也就是说,研究系统论的目的在于调整系统结构和各要素关系,使系统达到优化目标。

系统论的出现,使人类的思维方式发生了深刻地变化。以往研究问题,一般是把事物分解成若干部分,抽象出最简单的因素来,然后再以部分的性质去说明复杂事物。这是笛卡儿奠定理论基础的分析方法。这种方法的着眼点在局部或要素,遵循的是单项因果决定论,虽然这是几百年来在特定范围内行之有效、人们最熟悉的思维方法,但是它不能如实地说明事物的整体性,不能反映事物之间的联系和相互作用,它只适用于认识较为简单的事物,而不胜任对复杂问题的研究。在现代科学的整体化和高度综合化发展的趋势下,在许多规模巨大、关系复杂、参数众多的复杂问题面前,传统分析方法就显得无能为力了。正当传统分析方法束手无策的时候,系统分析方法却站在时代前列,高屋建瓴,综观全局,别开生面地为现代复杂问题提供了有效的思维方式。所以系统论连同控制论、信息论等,及其他横断科学一起提供的新思路和新方法,为人类的思维开拓了新路,它们作为现代科学的新潮流,促进了各门科学的发展。所以,对于工程地质勘察,更有必要利用系统的观点分析、研究水利水电工程地质环境及其环境地质的各种要素,使其更好地为人类服务。

1.4 水利水电工程地质勘察的思路

如前所述,任何地质体都可以看做是一个自然的、开放的系统。在这个系统中,由于其较强的开放性,使得它与一般的系统相比,表现出完全不同的特点,最突出的是具有"黑箱"特性和高度的非线性以及不可逆性。这些性质决定了该系统存在着简单与复杂、平衡与非平衡、线性与非线性、开放与封闭、确定性与随机性、可逆性与不可逆性、无序与有序等矛盾的对立与统一。

所以,面对水利水电工程地质环境这一系统工程,要求地质工程师从系统组成元素入手,对各元素之间的关系进行系统分析,用从大处着眼、小处着手的分析思路,从区域到场地对地形地貌(尤其是微地貌特征)、地层岩性、构造及其对岩体的破坏和改造、水文地质环境等进行综合分析,针对水工建筑物的要求提出可能的地质环境及预测环境地质问题,这应该是搞好水利水电工程地质勘测工作设计的前提。

仅有一个好的地质勘测工作设计还是不够的,作为一个地质工程师,还应在工程地质勘测过程中实施动态管理,坚持用由宏观判断微观,再由微观验证宏观的辩证唯物观点开展工作。这里所讲的宏观,是指在开展一项工程的地质勘察工作时,首先要搞清楚工程所处的区域地貌、地层、构造及其活动特征,以此推断建筑物场址的地质现象及其存在工程问题的可能性。这里所讲的微观是建筑物场址的地质现象,也是工程地质勘察的重点。应该对各种勘察方法、各种勘察手段获得的第一性资料及时去伪存真、去粗取精,进行有效的综合分析。在这个环节中,尤其重要的是要认识到不同的水工建筑物对场址的地质条件的具体要求不同,使地质勘察工作有较强的目的性和针对性。根据工程地质的特点,很难、也不可能有足够的经费和时间将建筑物场址的所有地质问题都研究清楚,但对与建筑物相关的地质问题一定要研究透彻。有一个具有哲理的故事讲到:在波斯沃斯战役中,英勇善战的英格兰国王查理三世,竟然因为卫士为其战马钉马掌时少钉了一个铁钉,而被击败,从而丢失了自己的国家。这个故事,被有心的人作出了这样一个精辟的概括性总结:少了一个铁钉,失了一个马掌;少了一个马掌,失了一匹战马;少了一匹战马,丢了一个国王;丢了一个国王,输了一场战争;输了一场战争,失了一个国家。故事经典,这总结更可谓经典,一环紧扣一环,入情入理,入木三分,令人警醒,同时也给我们工程地质工作者一个很好的启发。所谓由微观验证宏观,是指将在建筑物场址所取得的勘察成果与原宏观判断进行比较,并对其及时进行补充或修正,必要时及时调整地质勘测方法或手段、勘探点位置和技术要求,以便获得更加具体、完整和系统的地质勘察资料。整个工程地质勘测过程也是一个查明问题—发现问题—查明问题—发现问题的不断反复过程,也是将地质勘察看做一个系统,逐步深入、不断反复的动态过程。这既符合系统分析方法,也符合自然辩证法认识自然的基本法则。

总之,水利水电工程地质勘察的思路是:坚持一切从客观地质实际出发,针对不同的建筑物和不同的建设场地,进行具体问题具体分析;坚持系统分析和自然辩证法的观点,依靠工程经验与创造性思维,做出公正、科学、可靠的工程地质决策。

工程地质勘察设计和勘察过程管理可以概括为一个框图,如图1-1所示。

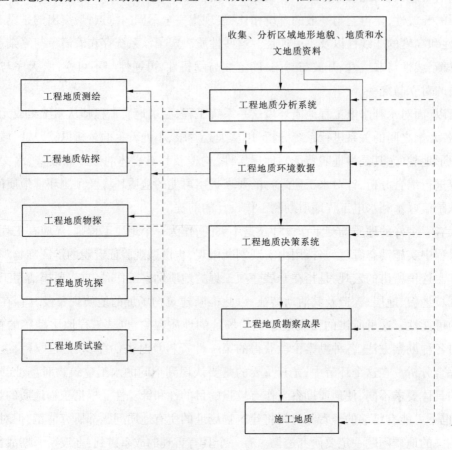

图 1-1　工程地质勘察设计和勘察过程管理示意框图

虚线表示反馈系统

第2章 区域地质环境研究

沙坡头坝址,地处宁夏、甘肃、内蒙古三省(区)交界附近的宁夏中卫市境内,为青藏高原东北部边缘地带。黄河由南西而北东穿过沙坡头库坝区,坝址位于黑山峡出口附近,即将进入卫—宁盆地。要研究大坝的地质环境和环境地质问题,首先要研究上述区域地质环境,这也是研究大坝地质环境的基础。

2.1 区域地貌概况

研究地貌发育特征是研究地质环境的基础。众所周知,地貌是地质构造营力与外营力长期相互作用的结果。微地貌有时表现了较新的、局部的构造活动特征,而较大的区域性地貌格局则严格受着新构造运动的控制,它反映着区域地壳运动在地表呈现的基本特征。

本区地势南西高而北东低,由南西向北东呈波状起伏而逐渐降低。最为显著的特征是山脉与盆地相间分布,坝址下游即进入卫—宁盆地,山地与盆地均呈向北东凸出的弧形带状展布。区域性大断裂往往发育于山脉北东一侧,致使山地与盆地近直角相接,断层多为倾向南西的逆冲兼走滑或走滑兼有逆冲性质的断层,而山脉南侧则为逐渐过渡到盆地的相对平缓的斜坡,地形从总体上看是向南西倾斜,如图2-1所示。

2.1.1 弧形山地带

弧形山地是青藏高原与宁蒙高原过渡带内最为醒目的地形标志。弧形山地构成区内地貌的基本格架。山脉走向由西部的北西西向转为东部的北西—北北西向。东西延伸长达100 km以上。山顶高程一般在2 000 m以上,相对高差可达500~1 000 m,属侵蚀剥蚀中中山区。山体西部主要由前寒武系—古生界组成,而东部则由中生界白垩系—新生界第三系地层组成。

受断裂构造的控制,山地两侧地形不对称,北东侧陡峭,相对高差较大,沟谷深切,山前台地、洪积扇发育;南西侧则与之相反,地形坡度比较缓,逐渐过渡到盆地。

本区共有四列弧形山地。由南西向北东,各列山地走向在北西段逐渐向北偏转,呈北西方向散开状,山体高程降低,长度缩短,曲率逐渐变大(除牛首山山地外)。

2.1.1.1 米家山—南、西华山—六盘山带

该带位于弧形山地最南西侧,长度最大,结构最为复杂。该带西部走向为北西西向,

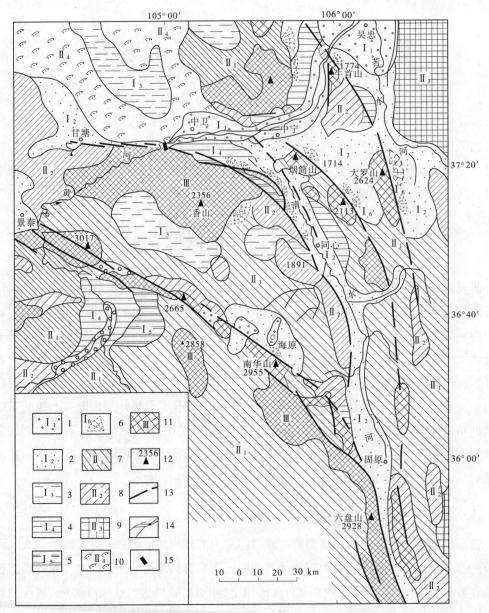

1—全新世盆地与阶地；2—晚更新世—全新世断陷型盆地；3—晚更新世—全新世拗陷型盆地；4—Ⅰ级台地；
5—Ⅱ级台地；6—晚更新世—全新世洪积扇；7—丘陵；8—低山；9—鄂尔多斯台地；10—腾格里沙漠；11—中山；
12—山峰及其海拔高程；13—活动断裂；14—河流；15—坝址

图 2-1 区域构造地貌图

主要包括下列山地：米家山，高程 2 304 m，由前寒武系—早古生界变质岩系组成。南华山
以东，山地走向逐渐向南偏转，为北西—北北西向，由白垩系—第三系泥岩、砂岩和砾岩褶
皱而成，月亮山高程 2 633 m，六盘山 2 928 m。本列山地由北西端至南东端长度超过 200
km，南北宽 10～20 km，属侵蚀剥蚀中中山区。山体两侧均有断裂发育，中、东段的北东

侧垂直差异活动较为显著,控制着兴仁堡、西安州—海原、清水河等盆地的发育,南西侧为陇中黄土丘陵;西段,断裂主要发育于南西侧,向西延伸至武威附近,交于武威—兰州断裂带。

2.1.1.2 红山—香山—天景山—米钵山带

该带西起甘塘附近,东至同心西侧山地,向南于马东附近与前列弧形山地交会,全长200 km左右。中段最宽处可达40 km。山体走向由西端的近东西向向东和南东逐渐过渡到北西至近南北向。山脊高程为2 000 m左右,如红山2 004 m,大草山2 113 m,香山2 356 m,天景山2 138 m,米钵山2 212 m。西段由下古生界变质岩系构成,次为上古生界砂岩、页岩和煤系地层,切割较深,相对高差500～700 m;东段走向北西—北北西—近南北向,由第三系和白垩系地层褶皱而成,为西缓东陡的背斜山,山脊高程多在1 500～1 900 m之间,河流切割深度为数十米至百余米。

该带山体北东侧发育断层,走向与山地延伸方向一致,倾向南西,断层侧形成陡峭的山坡,发育台地与洪积扇、裙,山地与盆地近直角相接。南西侧则与兴仁堡—海原盆地带逐渐过渡。

在本列山地弧顶外侧,发育有次级弧形山地。由若干低山、残丘组成,高程1 500 m左右,地层为泥盆系砂岩和第三系砂砾岩。山地北东侧发育断层,向南东方向延伸交会于香山—天景山山前断裂。

2.1.1.3 烟筒山—窑山带

本带规模较小,由卫宁北山的南缘山地(高程1 446 m)、烟筒山(高程1 714 m)、张家山(高程2 113 m)和窑山(高程2 168 m)等组成,由西向东断层走向东西—北西—南北。由古生界砂页岩和白垩系—第三系砂砾岩褶皱而成。山地带全长百余千米,宽十余千米,南西侧向卫—宁盆地过渡,北东侧受烟筒山断裂控制,与中宁—红寺堡盆地相接,山地与盆地间高差300～400 m。

2.1.1.4 牛首山—大、小罗山—云雾山带

该带位于本区最北东侧,是最外侧一列弧形山地。弧形曲率较小。山体走向北北西,长约160 km,宽几千米,向北西方向延伸至阿拉善左旗附近。牛首山和大、小罗山北东侧可见断层出露。断裂带西盘为下古生界变质岩系褶皱山地,逆冲于东侧鄂尔多斯台地之上。山地高程1 774～2 624 m。

以上四列弧形山地带均于南东端收敛于固原—六盘山一带,向北西方向散开,如图2-1所示。

2.1.2 构造凹地——盆地带

上述各弧形山地带之间为相对低洼地带,构造上主要为拗陷—断陷盆地,其形成演化受构造活动的控制。在地貌上与弧形山地形成鲜明对照,在山地北东麓可见古生界地层逆冲于盆地第四系地层之上。自南西向北东,主要有兴仁堡—海原—固原盆地带、中卫—

清水河盆地带、中宁—红寺堡盆地带和苦水河(下马关)盆地带。各列盆地带均平行于各自所对应的呈弧形展布的山地,向南东收敛,向北西散开。盆地中心位于山前地带,高程向北东逐渐降低。各带的性质、规模、分布特征等如图 2-1 所示。

2.1.2.1 兴仁堡—海原—固原盆地带

兴仁堡盆地位于香山南麓、海原断裂以北,长约 50 km,宽 10~20 km。盆地内地形平坦,由全新统冲洪积松散堆积物组成,盆地内有一盐湖。盆地内第四系松散堆积物厚度达 300 多 m。

西安州、海原盆地为两个独立的全新世盆地,紧靠南、西华山北麓。晚更新世晚期至全新世早期,包括两盆地的山前地带为统一的盆地。东西长可达 50 km,南北宽 20 km 以上,堆积湖河相沙壤土。第四纪早期,西安州—海原盆地可能与兴仁堡盆地相连,晚期因侵蚀基准面下降,河流下切,湖水外泄,盆地范围大大缩小,分为较明显的三个盆地。海原附近,盆地内第四系松散堆积物最厚达 500 m 以上,一般为 200 m 左右。

固原盆地位于六盘山东麓,是清水河盆地的一部分。在构造上,可把三营以南部分单独分出,称固原盆地。它是一近南北向的长条形槽地,由西界六盘山东麓断裂压陷形成。据头营附近钻探资料,第四系松散堆积物厚 76 m。

2.1.2.2 中卫—清水河盆地带

该盆地带为第二弧形山地带北东侧的构造凹地,基底为石炭系,第四系松散堆积物较薄,大多基岩裸露,地形上为一近东西向山前槽地,长达 40 余 km。以中卫—同心断裂带为界,南侧为古生界构成的侵蚀剥蚀中低山,北侧为腾格里沙漠。

东部中卫—清水河盆地带,在构造上为统一的盆地,即习惯上所称的卫—宁盆地。西起下河沿,东至清水河入黄河口以西,向南东在陈麻井与清水河盆地相连,北西西向长约 50 km,南北宽达 20 余 km,位于香山—天景山北麓,盆地内第四系堆积物厚达 300 余 m。地势南西高北东低,黄河自西向东穿过盆地,黄河谷地为全新世冲积平原,高程 1 200 余 m。黄河南沿常乐、永康、宣和为一高出河床达 30 m 左右的陡坎,其南侧为山前台地,由中、晚更新世坡洪积砂砾石构成,宽达 10 余 km,高程 1 300 m 左右。陈麻井以南,长 100 km,宽 5~12 km,走向北北西的清水河谷地一般被称为清水河盆地。该狭长谷地西界为中卫—同心断裂带东南段,为向南西倾的逆断层;盆地东侧可能为隐伏断裂控制,地形变化也比较平缓。盆地内第四系冲积物堆积厚度达数 10 m 至 350 m 不等,总体上西薄东厚,呈不对称压陷盆地,如图 2-2 所示。

2.1.2.3 中宁—红寺堡盆地带

与弧形山地相一致,本带规模较小,向北西方向延伸为卫宁北山,向南东逐渐尖灭。盆地长约 60 km,最大宽度约 20 km。因黄河及其支流苦水河下切的缘故,各处堆积基准面不一致,分为若干次级地貌单元。但从大的地貌格架和构造上看,上述范围属同一构造盆地。盆地内第四系松散堆积物厚度达 71.8 m。

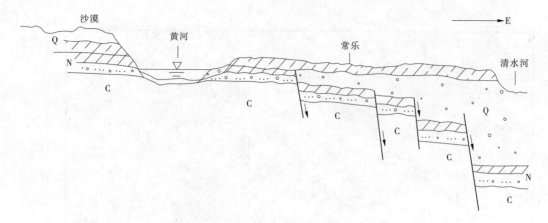

图 2-2 卫—宁盆地 NNW 向断层示意剖面图

2.1.2.4 苦水河(下马关)盆地带

本带位于牛首山—大、小罗山北东侧,南北长达 100 km,向北与银川盆地相接。北段苦水河中游盆地,除河谷及西岸为第四系堆积外,牛首山东南麓为上新世红色砂、泥岩台地,高程 1 300 余 m。南段称下马关盆地,介于罗山和青龙山之间,宽度可达 20 km,高程 1 400~1 600 m,南高北低,盆地内部结构相对较复杂,盆地中部见基岩出露,可进一步划分为南部的下马关拗陷和北部的大罗山东侧拗陷。其中下马关拗陷南部钻孔揭露第四系松散堆积物厚度为 236.74 m。

综上所述,区内地貌有如下特征:

(1)弧形山地构成了区内基本地形格架,山脉与盆地相间分布,向北东方向凸出,向南东收敛于固原—六盘山西侧一带(即地质力学所称"旋扭构造带"),如图 2-1 所示。

(2)由南西向北东,山脉和盆地的高度逐渐降低,规模逐渐变小,受北北西断裂的切割,走向亦逐渐向北偏转。

(3)单列山地,由北西向南东,高度有增高的趋势,走向亦偏转为北北西向;盆地则为北西段浅而南东段深,盆地的西或北西部往往只形成低洼地形(如卫—宁盆地的中卫一带)。

(4)断裂往往位于山体的北东侧,形成北东坡陡峭,而山顶面则向南西倾斜,山坡形成缓坡;在山体北东侧发育了山前台地和洪积扇等(如沙坡头以东、中卫南山台地等)。

(5)山体侧的断裂活动,控制着凹地或盆地的发育和规模等。

2.2 地层岩性

区内除上白垩和古新统尚未发现外,其余各时代地层均有发育,如图 2-3 所示,坝址区附近地层有如下几类。

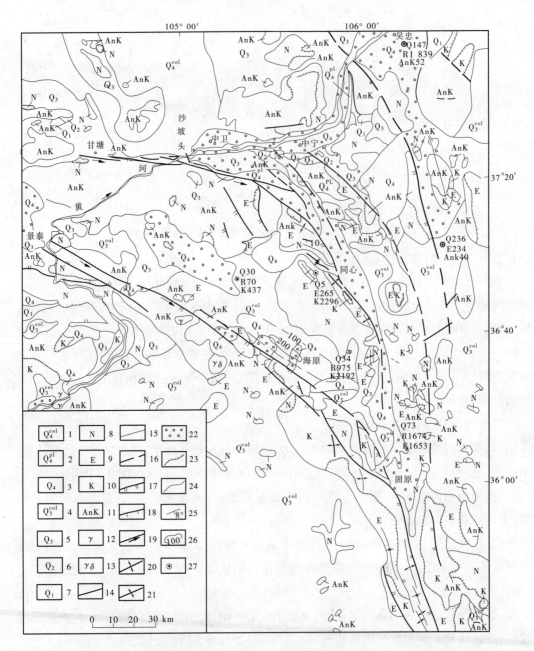

1—全新世风积物；2—全新世洪积物；3—全新统（未分）；4—晚更新世风积黄土；5—上更新统（未分）；

6—中更新统；7—下更新统；8—上第三系；9—下第三系；10—白垩系（下统）；11—前白垩系；

12—花岗岩；13—花岗闪长岩；14—第四纪活动断裂；15——般断裂；16—隐伏断裂；17—逆断层；

18—正断层；19—走滑断层；20—新生代背斜；21—新生代向斜；22—第四纪盆地；

23—地层不整合界线；24—地层界线；25—地层产状；26—第四系等厚线（单位：m）；27—钻孔

图 2-3 区域构造地质图

寒武系中统($\in_2$):浅变质长石石英砂岩夹板岩或千枚状板岩,海底浊流沉积相,经区域变质作用和构造变动的改造,岩体固态流动变形构造发育,岩体完整性相对较差。分布于库区黑山峡峡谷段。

泥盆系(D):紫红、棕黄色砂砾岩、砂岩,泥钙质胶结,呈厚层和巨厚层状,属于陆相磨拉石建造。主要分布于孟家湾南一带。

石炭系(C):灰色泥岩、页岩夹砂岩、灰岩,含煤系。主要分布在卫—宁盆地及其两侧台地。

第三系临夏组(N_2L):以砂质黏土岩(或超固结黏土)为主,局部夹有砂砾岩透镜体(局部有胶结现象)。呈紫红色,具弱膨胀性。分布于台地上。

第四系有更新统和全新统:均为冲、洪、坡积松散砾石、砂、沙壤土等。分布于河谷、漫滩和斜坡地带。

2.3 构 造

前已述及,本区山脉与盆地呈现弧形相间展布。这一地貌格局及其基本特征是本区新构造运动的直接表现,山地抬升,盆地下降,各地质体的运动组成了一个复杂的、多层次的图像。区域新构造活动分带示意图如图2-4所示。

2.3.1 褶皱

本区除第四系外,地层均遭受褶皱变形,时代越古老,所遭受的皱褶变形越强烈。本区各弧形山地带西段主要由古生界地层组成,这些地层经多期构造运动而形成了梳状褶皱,褶皱紧闭,而向斜相对较开阔,但有复式和倒转的现象。四列弧形山均为复式背斜,由前寒武系或古生界地层组成其核部。

弧形山地的东南段,主要由白垩系和第三系地层褶皱形成。六盘山地区中生代时为一盆地,有厚达数千米的白垩系堆积,新生代特别是第三纪末的构造运动使白垩系和第三系地层褶皱成山,轴向北西—北北西,两翼不对称,西翼较缓(15°~40°),东翼较陡(30°~70°),部分地段甚至倒转。同心西侧,第三系地层褶皱很清楚,南西翼较缓,一般为10°左右,北东翼较陡,可达40°~50°。类似现象在窑山等地也可见到。这些现象说明,在第三纪末期至第四纪初期,本区构造应力来源于南西方向的推挤作用。

上述第三系褶皱已被第四纪断层活动切割或改造。在同心以西,断裂带附近第三系地层发生牵引弯曲,形成轴向与断层走向一致的现象。显然,其所反映的主压应力方向更接近于北东东向,说明第四纪中晚期的构造应力场主压应力方向发生顺时针方向偏转,如图2-5所示。

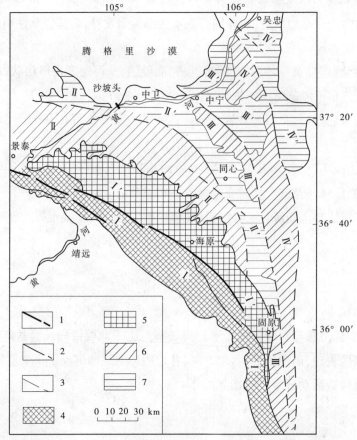

1—强活动断裂；2—中强活动断裂；3—弱活动断裂；4—构造运动强烈山地隆起带；

5—新构造运动强烈盆地拗陷带；6—新构造运动中强山地隆起带；7—新构造运动中强盆地拗陷带

Ⅰ—米家山—南、西华山—六盘山强烈山地隆起带；Ⅰ′—兴仁堡—海原—固原强烈地拗陷带；

Ⅱ—红山—香山—天景山—米钵山中强山地隆起带；Ⅱ′—中卫—清水河中强盆地拗陷带；

Ⅲ—烟筒山—窑山中强山地隆起带；Ⅲ′—中宁—红寺堡中强盆地拗陷带；

Ⅳ—牛首山—大、小罗山—云雾山中强山地隆起带；Ⅳ′—苦水河（下马关）中强盆地拗陷带

图 2-4　区域新构造活动分带示意图

2.3.2　活动断裂带

　　本区活动断裂极为发育，主要有四条，由南西向北东依次为海原断裂带、中卫—同心断裂带、烟筒山断裂和牛首山断裂。它们大多表现为结构复杂、规模巨大的弧形断裂带，西段走向北西西，具有强烈的走滑活动特征，为逆冲兼走滑断层；东段走向北西—北北西，由逆掩或逆冲断层组成。晚第四纪以来，由这些新断裂带控制了区内地貌分布和地震活动，如图 2-5 所示。

2.3.2.1　海原断裂带

　　此带位于青藏高原北东部，是祁连山北缘活动断裂带河西走廊北山断裂的东延部分，

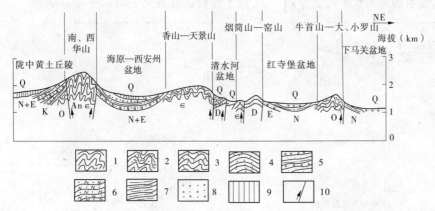

1—前寒武系大理岩与片岩；2—寒武系板岩、变质砂岩、结晶灰岩；3—奥陶系灰岩；4—泥盆系砂岩；
5—白垩系泥岩、砂岩、砾岩；6—下第三系砂砾岩；7—上第三系泥岩、砂砾岩；8—第四系；9—晚更新世黄土；10—断层

图 2-5　区域构造地质—地貌示意剖面图

长达 400 余千米，走向北西西，向东转为北西，为逆冲兼左旋走滑断层（如图 2-6 所示）。强烈的剪切变形发生在宽 1～4 km 的狭窄条带内，使横穿断裂带的河流、冲沟发生不同幅度的左旋位错，错切各种地质体，早更新世以来的最大左旋走滑位移量为 14 km，发生在断裂带中段南、西华山北麓断裂上。1920 年海原 8.5 级地震地表破裂带的最大水平位移为 10 m，亦位于该段。

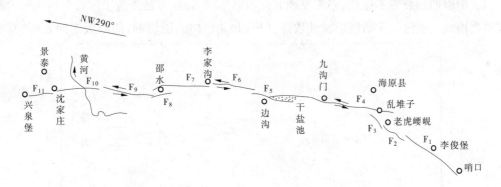

图 2-6　海原断裂带西段及其次级断层分布略图

$F_1 \sim F_{11}$—次级断层的编号

2.3.2.2　中卫—同心断裂带

该带位于海原断裂带北侧，长近 200 km，如图 2-7 所示。西起甘塘附近，走向近东西，向东至东大沟以东，受北北西向断裂切割逐渐转为北西西，至红谷梁转为北北西走向，向南东延伸于马东山附近交会于海原断裂带。它是一条倾向南西的高角度逆冲兼有走滑断层，西段左旋走滑较为明显，东段则为逆断层。沿东段断裂带、阶地、台地变位，河流拐弯、洪积扇变形。中段香山、天景山山前断裂，第四纪以来水平错量达 3～4 km。1709 年

中卫南 7.5 级地震最大水平位错量约 7 m,位于该段的红谷梁—碱沟一带。

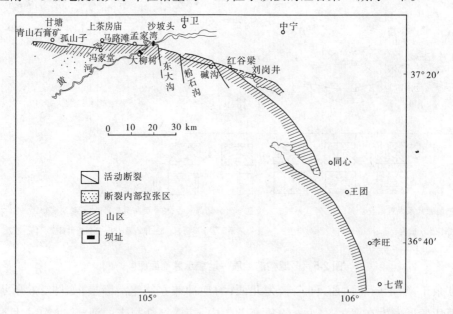

图 2-7 中卫—同心断裂带平面展布略图

本断裂带由多段断层组成。由于燕山运动早期于卫宁北山、南山形成东西向断裂(如图2-8所示),燕山运动中晚期部分断层或局部断层受到陇西系的改造局部又有复活,所以黄河以西断裂带不连续,亦未发现北北西向断层切割,而是由若干段近东西向左阶断层错列构成。黄河以东断层连续性较好,但有北北西向断层切割,使断层走向北西,其中

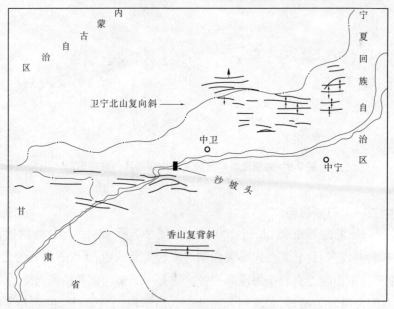

图 2-8 东西向构造带分布示意图

粉石沟至碱沟一般分为两支:南支为山体和山前高台地的分界,控制盆地区第三系松散堆积物的发育,1709年中卫南地震形变带通过该支;北支经石叭喇口、关圣堂等地,可见第三系逆冲于第四系地层之上,地貌上表现为高30 m的地形陡坎。红谷梁以东,断裂又分为两支,一支沿原来方向通过双井子洪积扇向南东东方向延伸,在洪积扇上形成陡坎,向东沿刘岗井—陈麻井次级弧形低山山前展布,最后向南于小洪沟与另一支断裂交会;南支断裂沿天景山山麓延伸,可见奥陶系灰岩逆冲于下第三系砾岩上,以走滑为主;南支断裂也在活动,以逆冲为主,构成地形的主要变异带。小洪沟以南,断裂属逆冲性质,走向北西,倾向南西,倾角70°~80°。

中卫—同心断裂带的垂直差异活动比较强烈,断裂带两侧的山地与盆地之间存在较大高差,山前台地发育、断层陡坎较高,断裂北东侧的盆地带发育的全新世黄土状土被其他老地层大幅度逆冲覆盖。在构造活动中,由于北北西向断裂的牵制和屏蔽与这种逆冲活动的幅度有规律地从西向东逐渐加大,断裂带南侧山地总体上有自西向东增高的趋势,而北侧拗陷带基底则是西高东低。中卫以西山前槽地中第三系和石炭系零星出露,东部中宁一带第四系松散堆积物厚度近300 m,如图2-2所示。

2.3.2.3 烟筒山断裂和牛首山断裂

烟筒山断裂和牛首山断裂位于本区东北部两条略显弧形的山地北东一侧,规模较小,长100 km左右,如图2-1、图2-4所示。走向分别为北西和北北西,倾向南西,属逆断层性质。由牛首山断裂东侧盆地带作右阶排列,而牛首山断裂则具有一定的左旋走滑性质。

如果把秦岭北缘断裂带—天水—兰州断裂带包括在内的话,那么就有秦岭北缘断裂带、景泰—海原断裂带、中卫—同心断裂带三条弧形断裂带,前者为切穿地壳断裂,景泰—海原断裂为壳内断裂,中卫—同心断裂为盖层内断裂,如图2-9所示。

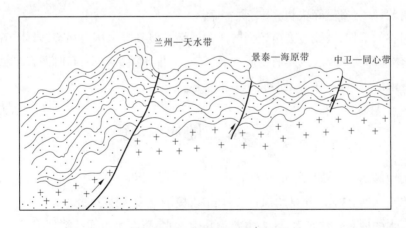

图2-9　断裂带切割深度示意图

区内构造形迹发育,在挽近地质时期,又受到北北西向构造形迹的改造和复合,使其构造格架更加复杂化。沙坡头坝址位于卫—宁盆地西端附近,盆地北、南侧展布的近东西向断裂,在弧形构造发育过程中部分构造段落受到改造或复合,使其活化,但在挽近地质时期北北西向断裂(河西系)活动过程中,坝址地段受北北西向断裂(东大沟断裂)阻隔和屏蔽作用,坝址附近近东西向断裂没有活动的迹象,对坝址岩体没有明显的破坏作用。坝址区主要构造形迹为燕山期形成的近东西向断裂和褶皱等。

区域构造发育特征为:

(1)坝址位于卫—宁盆地的西端附近、倒转复式向斜的正常翼,南、北两侧发育有小型断裂,均形成于燕山期,后期部分断裂的局部段落遭受弧形构造运动的改造和复合。这种构造格局,说明是浅层褶皱伴随有小型断裂,即上地壳的盖层沿下部基底滑动而形成,整个构造活动是发生在岩石圈的表部,是表层滑脱的产物,与深部构造没有什么联系或联系甚弱,因而有利于地壳的总体稳定。

(2)坝址附近断裂和褶皱,形成于燕山期,后期又经历了多次活动,但在挽近地质时期,上述断裂没有活动迹象或活动相当微弱,现代地震亦都发生在周围地区,因而坝址区为一相对稳定地段,其地震烈度主要受外围地震的影响。

2.4　物理地质现象

区域内,年平均降水量为 181.3 mm,年平均蒸发量为 1 887.0 mm,年平均气温 8.6 ℃,多年极端最高气温 37.6 ℃,最低气温 -29.2 ℃。

坝址区地处我国内陆腹地,黄土高原西侧,紧临腾格里沙漠。冬季受蒙古冷高压的控制,气候干燥,严寒而漫长,沙尘日多,盛行西北风。夏季天气酷热,日夜温差大。在这样一个气候环境下,区内岩体遭受物理风化作用强烈,而遭受化学风化作用微弱,页岩风化后多呈碎屑状,砂岩多呈碎块状。

由于河谷的下切,区域应力由较强的压力逐渐过渡到静水压力状态,岩体卸荷作用较为明显,岩体表部均呈碎块或碎屑物质,结构疏松。由于植被稀少,有时遇有少量降雨,即在一些沟谷形成水石流,在沟口形成冲出锥堆积。

2.5　水文地质环境

沙坡头地区属于青藏高原北东缘干旱半干旱的大陆性气候区,年降水量小而蒸发量大。最大冻土深度83 cm,年平均风速 2.4 m/s,极端最大风速 34 m/s。

从地下水的埋藏条件来看,区内主要为孔隙潜水、裂隙潜水或孔隙裂隙潜水的埋藏类型。孔隙潜水埋藏于大型沟谷和河漫滩松散堆积物中;裂隙潜水埋藏于山地基岩表部裂隙中;孔隙裂隙潜水赋存于盆地边缘地带松散堆积物及其下伏基岩裂隙中,具有统一的地下水位。地下水主要受大气降水补给,仅在局部漫滩地带有河水补给的现象。靠近腾格里沙漠的低洼地带,汇集有沙漠中的凝结水,形成局部湿地或小的水塘,水量不丰富,但水质较好。

大气降水是本区地下水主要补给源,由于降水量很小,地下水不丰富,径流相当缓慢,且主要为浅部(表部)径流,在其下部地下水几乎处于近静止状态,没有明显的流动。在石炭系砂、页岩中含有煤和石膏矿,新第三系黏土岩中含有石膏矿或脉状石膏,使地下水中含有较多的硫酸根离子,尤其下部几乎处于近静止状态的地下水中硫酸根离子含量更高,局部地段达到 1 000 mg/L 以上。对于混凝土建筑物而言,构成了非常差的水文地质环境,形成了水工混凝土构筑物重要的水文地质环境问题。水质分析成果如表 2-1 所示。

表 2-1 水质分析成果

取样地点		黄河	右岸钻孔 ZK20	右岸钻孔 ZK20	左岸泪泉	左岸水井
地层		河水	石炭系	石炭系	第四系	第四系
阳离子 (mg/L)/ (mmol/L)	$K^+ + Na^+$	43.47/1.89	21.16/0.92	103.50/4.50	1.61/0.07	1.15/0.05
	Ca^{2+}	58.08/1.45	188.54/4.70	202.00/5.04	45.45/1.13	70.70/1.76
	Mg^{2+}	18.88/0.78	65.33/2.69	81.66/3.36	12.76/0.53	23.48/0.97
阴离子 (mg/L)/ (mmol/L)	Cl^-	49.98/1.41	110.77/3.12	100.05/2.82	28.59/0.81	49.98/1.41
	SO_4^{2-}	58.6/0.61	500.28/5.21	806.9/8.40	26.22/0.27	24.02/0.25
	HCO_3^-	226.99/3.72	131.8/2.16	102.51/1.68	124.48/2.04	219.67/3.60
	CO_3^{2-}	0	0	0	0	0
	OH^-	0	0	0	0	0
pH 值		7.77	7.39	7.32	7.59	8.10
硬度 (mmol/L)	总硬度	2.23	7.39	8.4	1.66	2.73
	永久硬度	0	5.23	6.72	0	0
	暂时硬度	2.23	2.16	1.68	1.66	2.73
	负硬度	1.49	0	0	0.38	0.87
碱度 (mmol/L)	总碱度	3.72	2.16	1.68	2.04	3.60
	酚酞碱度	0	0	0	0	0
	甲基橙碱度	3.72	2.16	1.68	2.04	3.60
固形物(mg/L)		408	1 378	1 788	298	448
游离 CO_2(mg/L)		2.50	2.50	2.50	2.50	2.50
侵蚀 CO_2(mg/L)		0	0	0	0	0
化学类型		HCO_3^-—Ca^{2+}、$(K^+ + Na^+)$	SO_4^{2-}—Ca^{2+}、Mg^{2+}	SO_4^{2-}—Ca^{2+}、Mg^{2+}	HCO_3^-—Ca^{2+}、Mg^{2+}	HCO_3^-、Cl^-—Ca^{2+}、Mg^{2+}
腐蚀性评价		无腐蚀性	硫酸盐型强腐蚀	硫酸盐型强腐蚀	无腐蚀性	无腐蚀性

水文地质环境特征为:从地下水的埋藏、含水介质及补给、径流和排泄的基本规律分析,区内为孔隙潜水和孔隙裂隙潜水类型。含水量不丰富,径流缓慢,水的交替作用很差,且主要表现在地下水表部有一定的交替作用。地下水水质很差,尤其是远离河岸地带,有的地段为硫酸盐型地下水。在靠近沙漠的低洼地带,往往有沙漠中的凝结水富集,水量较小,但水质较好,沙漠前缘局部有露头点。

　　在库坝区内,地下水补给河水的规律是明显的,虽然地下水水质较差,但是补给量很少,对河水水质影响不大。

　　综上所述,坝址区处于卫—宁盆地南西边缘山地一侧,黑山峡出口地带;构造上处于鄂尔多斯西缘拗陷带的西侧、祁连山褶皱带与阿拉善台褶皱带间过渡带的东侧、中卫—同心断裂带的北侧;基岩为石炭系下统砂页岩含煤地层,遭受强烈挤压而形成复式倒转向斜,且发育次级小褶皱和小型柔皱、固态流动变形构造等不同形态、不同规模的构造形迹;由于第四纪以来,逐渐变为少雨的内陆型干旱气候,物理地质现象主要表现为物理风化作用和少量的水石流;地下水为孔隙潜水和孔隙裂隙潜水,水量不丰富,径流缓慢,水质较差。如此等等,构成了本坝区基本地质环境,在这样一个地质环境里修筑拦河坝,坝基工程地质条件和问题都是比较复杂的,要对工程所处地质环境进行深入研究、分析,首先要有系统、详细、周密的工程地质勘察设计,才能使地质勘察具有较强的针对性,不断深入、不断揭露问题、不断分析和反馈问题,以达到地质勘察工作的动态管理、综合分析资料、查明大坝地质环境和预测环境地质问题的目的。

第3章　坝址环境地质及工程地质研究

3.1　坝址工程地质勘察

　　沙坡头坝址几近100％的面积被冲洪积和风积物覆盖,仅在右岸岸坡陡坎有一窄条岩体出露,且河谷为走向谷,河床和左岸地层没有基岩露头,如图3-1所示。针对此特点,我们采用下述勘察程序,效果较好。

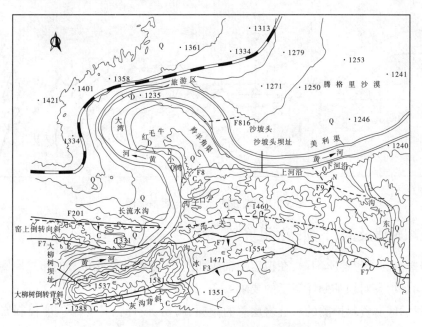

图 3-1　沙坡头库坝区地质简图

3.1.1　收集、分析区域地质资料

　　(1)分析区域地形地貌资料,坝址区位于卫宁盆地南西端、黑山峡出口近盆地边缘,该地段属卫—宁盆地翘起端的边缘附近,河床覆盖层、松散堆积物厚度不会太大,地貌上没有明显的特征,仅左岸Ⅰ级阶地上的植被等有明显的疏、密分布特征。

　　(2)从区域地层分布规律来看,坝址区主要为石炭系中、下统砂页岩含煤地层。我们详细分析了石炭系中、下统各层的岩性组成和各层间标志,以便从钻孔岩心分析地层层位等,分析认为在左岸Ⅰ级阶地还可能有新第三系地层分布。

(3)多方收集、详细分析了区域构造形迹发育的基本特征和分布规律,从较大构造形迹分析,坝址区正处于大型复式倒转向斜的正常翼,根据这一构造特征,详细推测了坝区地层大致的岩层产状(尤其应较准确地推测岩层的倾向和倾角),可能发育的小型褶曲或揉皱轴向和展布特征等。

(4)从区域水文地质资料来看,石炭系砂页岩含煤地层中,以裂隙潜水或弱承压水为主,由于该区降水量少,煤系地层中含有较多的石膏,故地层中含水不丰富,水质可能较差;水质可能成为坝址工程地质环境问题之一。

通过对区域地形地貌(尤其是微地貌)、地层岩性、构造和构造变动对岩体的破坏或改造、水文地质条件等的综合分析,对坝址工程地质环境有了一个较系统、深入的客观认识,在此基础上得到下面的理想地质剖面图,如图 3-2 所示。

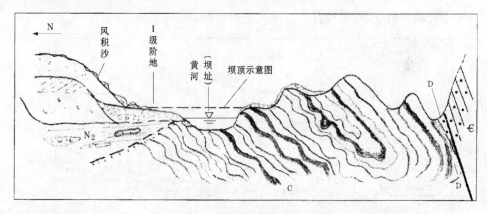

图 3-2   坝轴线附近推测地质剖面图

3.1.2   坝轴线及上、下坝脚钻孔布置

根据推测的理想地质剖面,在拟定坝轴线和上、下坝脚处钻孔位置的布置原则为:

(1)满足坝高对坝基勘探深度的要求。

(2)根据区域资料推测的坝址岩层总的倾向、倾角,设计钻孔间距应能控制岩层在剖面上的分布,不应存在层、段的空缺或遗漏。

(3)钻孔应有准确定位,不要随意移动。

(4)对钻探工作的要求,就是要尽力采取岩心,最理想的岩心采取率能达到 100%;钻孔内配合物探测井,以便更好地分析剖面上岩性分布的规律和可能发育构造或褶叠层构造等。钻孔布置如图 3-3 所示。

3.1.3   副坝勘察程序

从微地貌发育特征、天然植被发育和人工林分布及农田分布规律分析,左岸Ⅰ级阶地物质组成是比较复杂的。从高程分析,和上、下游Ⅰ级阶地分布高程相当,但是土(岩)体结构和物质组成可能较为复杂,可能不具有二元结构的理想阶地的结构特征,在平面和剖

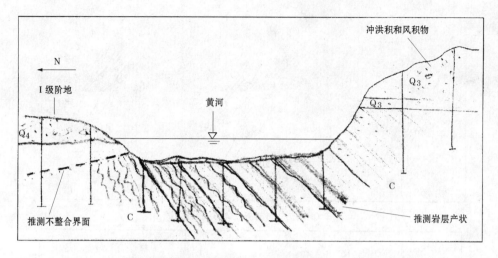

图 3-3　坝轴线钻孔布置示意图

面上均可能杂以冲洪积砂砾石、风积极细砂、冲积沙壤土等,呈不规则的杂乱状态分布,基岩面还有可能有凹槽(或古河道)分布等。根据这样一个宏观的分析,首先沿阶地延伸方向和垂直阶地延伸方向布置了物探剖面,并要求地球物理勘探采用地震和雷达综合物探方法,主要探测松散堆积物厚度和颗粒组成。地球物理勘探严格按照技术要求,开展了综合物探工作,所得到的物探成果与宏观判断的成果基本吻合。为了检验物探成果的准确性,布置了少量钻孔和坑探工程,为物探成果的正确性作了进一步的佐证。

通过以上地质勘察工作,获得了坝址较全面、系统的基础地质资料,给坝址工程地质环境研究打下了一个坚实的基础。

3.2　坝址环境地质问题

根据对工程区地形地貌、地层岩性、地质构造和水文地质条件的分析,对于混凝土闸坝而言,可能会有如下环境地质问题。

3.2.1　坝基抗滑稳定问题

坝址河谷为顺(走)向谷,坝基基岩为石炭系砂页岩,修建中、低混凝土坝应是可行的,坝基抗滑稳定应不会有太大的问题。但是,由于区域构造作用的改造,石炭系砂页岩形成了一个复式倒转向斜,坝址正处于复式倒转向斜的正常翼。由于区域强大压应力的持续作用,砂岩(在大多数层内含量较少)被沿走向拉断后继而形成大小不等的扁豆体;页岩则被沿垂直压应力方向拉长,沿层面延伸方向形成微细的流劈理,使页岩形成细小的鳞片状,页岩鳞片的周围均具有极薄的泥膜,如图 3-4、图 3-5 所示。

我们知道,区域应力与岩层走向不可能总是垂直的,区域应力垂直岩层走向而局部应力可能与之有一定的交角,那么层间的小褶曲的轴就有可能是倾斜的,沿岩层走向形成

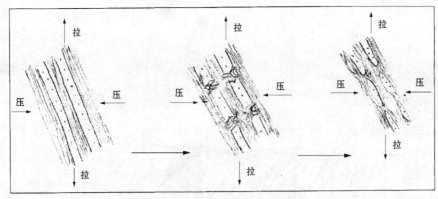

(a)页岩中砂岩扁豆体形成示意图

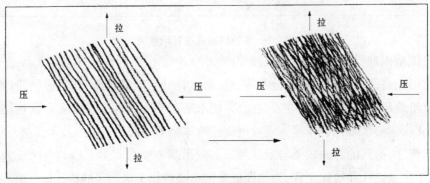

(b)页岩岩体中流劈理示意图

图 3-4　砂页岩岩体中的流动变形构造示意图

一端翘起,另一端倾伏的型态,如图 3-6 所示。

　　这些小的褶曲细小层面和破碎的鳞片状细小扁豆体表面均有很薄的泥膜,这些泥膜肉眼可见到。这种带有泥膜的小结构体,构成了控制坝基滑动的结构体。依此判断作为安排勘察工作的宏观依据。

3.2.2　坝基岩体承载力问题

　　构造破坏了岩体的完整性,使较坚硬的砂岩破碎成顺层展布的大小不等的扁豆体,扁豆体内发育有密集的隐微裂隙,如图 3-7 所示。

　　砂岩分布较厚的部位其承载力尚可按一般中硬岩强度考虑;若处在页岩包围的环境下,砂岩扁豆体不能成为一个较连续的岩体,起不到应有的骨架作用,岩体的强度受控于破碎的鳞片状的页岩岩体的强度。

　　基于上述宏观分析,在对坝基岩体强度研究中,就特别注意了砂岩的分布(平面和剖面上)规律、破碎页岩的强度研究等。

3.2.3　坝基渗透稳定问题

　　岩层走向与河流流向基本一致,而在右岸坝肩附近以砂岩为主,因构造破坏和岸边卸

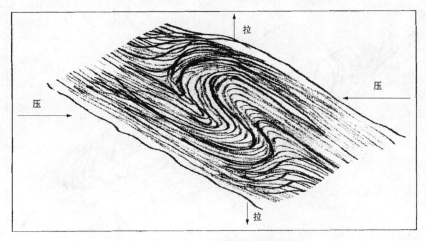

(a)层间挠曲构造示意图

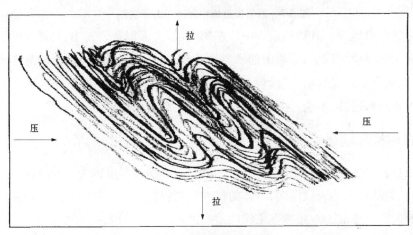

(b)褶叠层构造示意图

图 3-5　页岩岩体中的褶曲构造示意图

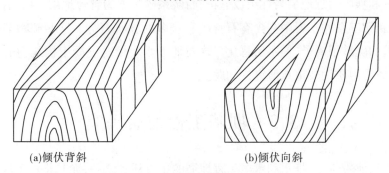

(a)倾伏背斜　　　　　　　　　　(b)倾伏向斜

图 3-6　倾伏褶曲构造示意图

荷作用,岩体完整性很差,岩体内近于张开的裂隙居多,裂隙内充填有次生的硫酸盐——铁明矾。此矿物极易溶于水,在水库运行后,可能成为库水外渗的通道,因此成为研究坝

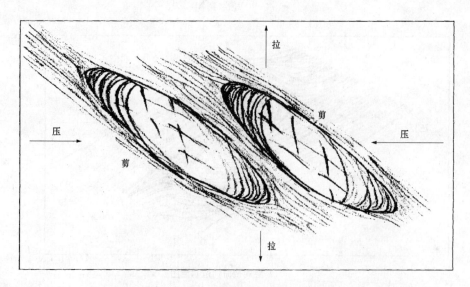

图 3-7　砂岩扁豆体中裂隙发育示意图

基渗透稳定的重点地段。其他地段如河床左侧地段,大多以页岩为主,其透水性只考虑基岩表部卸荷带部分就可以了;页岩中的砂岩透镜体,虽然会含有水,但各透镜体间不能连接在一起,只能形成独立的单个"水包",形不成渗透通道,仅作一般研究即可。因而认为坝基岩体为不透水岩体,不会产生强渗透,不易产生渗透破坏。

3.2.4　岩体抗冲刷强度问题

坝基砂页岩岩体,岩层走向为顺河向,上覆松散堆积物厚度很薄,岩体破碎、结构体很小,主要的破裂结构面均为顺河向,岩体的抗冲强度很低,抗冲刷能力差。因此,对坝下岩体抗冲强度的研究亦成为地质勘察工作的重点之一。

3.2.5　水文地质环境问题

从区域和坝区附近地层岩性组成分析,石炭系砂页岩为含煤地层,且含有中溶矿物—石膏矿,在新第三系黏土岩中亦含有石膏矿和众多的脉状石膏。这些矿物都可能使地下水含有大量的硫酸根离子,使水质恶化。这类地下水环境对混凝土构筑物的安全影响极大,因而亦成为地质勘察重点研究的问题。

3.3　坝基工程地质研究

坝基工程地质研究,是水利水电工程地质的主要任务之一,尤其是对于沙坡头坝址软弱破碎的砂页岩来说,更为重要。说其重要主要是指对这类坝基的工程地质问题,如何在较短工期和有限投资的情况下,找出一个安全、经济的建基方案,这亦是地质工作者需要重视和注意的问题。针对本坝区预测的工程地质问题,主要做了如下的地质研究工作。

3.3.1 坝基岩体结构

沙坡头坝址砂页岩岩体是经过强烈变形、遭受过强烈破坏的地质体。在这样一个地质体上修建挡水坝和电站,对于岩体的物理力学性质研究较一般意义上的完整岩体显得尤为重要。这类岩体在环境应力条件改变时,产生再变形或再破坏的可能性很大,研究这些再破坏的规律及运用这些规律实施地质工程,具有重要的工程意义。而岩体的力学性质严格受控于岩体的组成、结构及赋存条件,特别是受岩体结构面及结构特征的控制,亦即通常所说的岩体结构的力学效应。所以,研究岩体结构是研究岩体力学性质的重要前提。

坝基岩体结构特征:坝基砂页岩含煤地层,属泻湖潮坪相建造,后期在地应力环境改变过程中,遭受了多期、长时间的改造,经历了风化、卸荷和剥蚀等作用,形成了目前的岩体破碎结构特征。这种岩体结构特征还在随应力环境的变化而变化着,这亦是地质工作者应注意考虑的问题。

谈到岩体结构,首先应考虑岩石的组成和结构。我们知道,砂岩为陆相碎屑岩,页岩则是由细颗粒物质组成;岩石的颗粒联结基本为泥、钙质胶结,仅局部砂岩有硅质胶结现象。这种以泥质物为主胶结的岩石,在水的作用下极不稳定,其性质易发生变化,由于水环境的变化、黏土片中的电性不饱和,很容易使 Ca^{2+}、K^+、Na^+ 离子进入或被置换出来,使土具膨胀性、分散性等不良物理化学性质,影响其力学性质。

以上谈了岩石结构特征,对于工程地质而言,研究岩体结构对于评价建筑物地基岩体质量非常重要。岩体是由结构面和结构体组成的,二者是岩体结构的重要要素,所以研究岩体结构时,首先应研究结构面类型、性状和物理特征,研究结构体的大小、强度和结构体间的联结关系等。

沙坡头坝址为石炭系砂页岩含煤地层,坝址河床及其左岸则以页岩为主,砂岩含量相对较少,主要的岩体结构面如下:

(1)原生结构面:主要为岩层层面、页岩的页理面,这些地质界面上都附着有泥膜,仅是不同部位泥膜的厚度不同,即使在砂岩的层面和砂岩扁豆体周围亦都发育有泥膜。所以说该地区的原生结构面不仅发育密集,而且结构面均附着泥质物,为软弱结构面。

(2)构造结构面:在岩体内发育了较多的顺层或小角度切层的小断层,小断层的宽度均在毫米级,就是砂岩扁豆体亦是被小断层切割或围限;在持续压应力作用下,页岩被压扁拉长的过程中,页片内亦形成密集的流劈理,而近于平行页理的一组发育密集,与页理面交角相对较大的一组发育密度相对较小,将较薄的页片进一步切割成近棱形扁豆体或鳞片状。这些大小不等的构造结构面上均附着泥质物,故亦为软弱结构面。

(3)次生结构面:次生结构面仅在右岸岸坡岩体内有发育,主要为隐构造裂隙的张开,次生充填有砂土等,发育厚度不大,对工程地基岩体完整性无大的影响。河床部位的页岩岩体居多,卸荷作用使裂隙、劈理等张开,但深度不大,对地基岩体破坏不太明显。

由上述不同成因类型的结构面分析不难看出,页岩的结构体基本为细小的鳞片状,鳞片周边包裹有很薄的泥质物;砂岩,除右岸岸坡地带砂岩岩体外,其结构体基本可视为大小不等的扁豆体,扁豆体周边为小断层或泥质物。因此,可以认为坝基右岸岩体为碎块状结构,坝基页岩夹砂岩主要为散体或碎片状结构,结构面均为软弱结构面。

3.3.2 建立地质模型

地质模型有多种类型,目前用得最多的有分析模型、计算模型和预测模型,我们这里用的是分析模型。沙坡头坝基岩体除右岸局部地段为碎块状结构类型外,坝基大部分为散体或碎片状结构类型。这是建立地质模型的基础,在充分考虑挡水建筑物类型及其对坝基岩(土)体的要求以后,就可以建立如图3-8所示的地质模型。

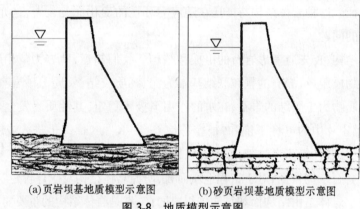

(a)页岩坝基地质模型示意图　　(b)砂页岩坝基地质模型示意图

图 3-8　地质模型示意图

由上述地质模型可知,控制坝基岩体强度和稳定的条件,就是页岩中的页理面和微小的破裂结构面。因为这些结构面较页岩鳞片状的细小结构体的强度更低,且在坝基形成浅层滑移的较统一的连续面,虽然该统一结构面不是很平整,但是对于页岩这样的软弱岩石来讲,该统一的结构面应是较平整、光滑的。因而,这亦成为工程地质研究的重点,以便更有效地对坝基岩体进行工程地质评价和环境地质问题预测。

地质模型建立后,对于这样的岩体所赋存的环境我们做了认真的分析和研究,如地应力环境、地下水环境等。

前已述及,沙坡头库坝区处于地震高烈度区,因而对于库坝区地应力场的研究亦是分析坝址工程地质条件的重要内容。

我们知道,地应力是地层中未经扰动的单位面积上所承受的力。它是决定岩体工程变形、破坏的基本地质条件之一。库坝区虽然基本为地面工程,但地应力对开挖坝基基坑会引起底板隆起与破坏;边坡岩体向临空面蠕动变形或产生顺边坡向的卸荷裂隙;在大坝坝体稳定分析中,水平地应力可能缓解坝踵岩体拉裂区,改善坝体稳定条件等。还应指出,高地应力环境对岩体物理力学和水理性质的影响,亦是重要的研究内容。所以,对库坝区地应力的测量和研究,是高烈度区工程地质研究的重要内容之一。

地应力,是地质历史时期在构造运动等地质作用下发展变化形成的。地应力与岩体自重、构造运动、地下水和地温差有关,它是随时间、空间而变化着的。但是,在工程使用的期限内,可以认为地应力场不随时间变化而变化,应力是个定值。为了了解沙坡头坝基岩体应力状态及其随深度的变化情况,在坝址两岸的钻孔中采用水压致裂法进行地应力量测,钻孔深度均为60 m。测试结果见表3-1。

表 3-1 地应力测试结果

孔号	地面高程(m)	孔深(m)	高程(m)	应力值(MPa)		
				σ_H	σ_h	σ_v
左岸 ZK1	1 241.87	34.47~35.35	1 207.40~1 206.52	1.36	0.85	0.79
		36.83~37.71	1 205.04~1 204.16	1.79	1.07	0.85
		39.04~39.92	1 202.83~1 201.95	2.02	1.11	0.90
		41.40~42.28	1 200.47~1 199.59	1.72	1.05	0.96
		43.66~44.54	1 198.21~1 197.33	2.25	1.34	1.00
		48.26~49.14	1 193.61~1 192.73	2.02	1.24	1.11
右岸 ZK2	1 233.11	22.94~23.82	1 210.17~1 209.29	1.16	0.73	0.52
		31.58~32.46	1 201.53~1 200.65	1.13	0.82	0.73
		35.90~36.78	1 197.21~1 196.33	1.91	1.18	0.83
		40.22~41.10	1 192.89~1 192.01	3.23	1.85	0.93
		44.55~45.43	1 188.56~1 187.68	3.37	2.05	1.03
		49.66~50.54	1 183.45~1 182.57	3.29	1.92	1.15
右岸 ZK3	1 242.10	29.82~30.70	1 211.28~1 211.40	2.28	1.30	0.69
		34.48~35.36	1 207.62~1 206.74	1.93	1.15	0.79
		39.09~39.97	1 203.01~1 202.13	1.87	1.20	0.90
		43.69~44.57	1 198.41~1 197.53	3.12	1.84	1.00
		54.88~55.76	1 187.22~1 186.34	4.73	2.65	1.26

注:σ_H 为最大水平主应力,σ_h 为最小水平主应力,σ_v 为垂直主应力。

一个区域的应力场,从根本上讲,决定于区内构造地质条件,随着构造运动的发展变化,应力场亦在不断地变化着。由区内构造形迹发育和岩体完整性差来分析,区内经受过强烈的构造变动,地应力值应该比较高,但恰恰相反,目前区内地应力值并不高。这说明区内处于构造活动相对稳定期,区内地震主要受外围地震的影响,这样的结论可能是比较合适的。从地应力测量成果来看,有如下特点:

(1)在测试深度范围内,最小水平主应力为 0.80~3.00 MPa,最大水平主应力为 1.16~4.73 MPa。在河床电站建基面附近最大水平主应力为 1.16~2.28 MPa。

(2)三个主应力关系表现为 $\sigma_H > \sigma_h > \sigma_v$,其中最大水平主应力与最小水平主应力的比值为 1.38~1.82;最大水平主应力与垂直主应力的比值为 1.55~3.74;最小水平主应力与垂直主应力的比值为 1.08~2.00。

(3)坝址区最大水平主应力方向为 NE2°~34°,平均约 NE13°,与青藏高原隆起向北东方向挤压动力学机制基本一致。

对于低地应力环境,并非都是好事。坝基砂页岩在很大的构造压应力作用下被压碎,砂岩呈碎块状,页岩呈鳞片状,从高地应力转变为低地应力过程中和以后处于低地应力环境,又遭受河谷下切和剥蚀卸荷、风化作用,被压碎的砂岩、页岩岩体卸荷回弹、松弛,使岩体表部本来闭合的裂隙和微裂隙及劈理等不同程度的张开,使岩体完整性更差,更加松散。地应力环境及其变化对岩体工程性质的影响是非常显著的,这也是工程地质工作者分析岩体工程特性时最容易忽视的一个重要问题。

对于地应力,本来还应考虑岩块内的封闭应力和岩石的矿物内应力等应力的作用,由于本坝址岩石极其破碎,均呈鳞片状和碎块状,结构体极小,因此没有把这些应力作用作为我们研究的重点内容之一。

本地质模型所处水文地质环境,是一个地下水富含硫酸根离子的呈弱酸性水文地质环境,虽然地下水并不丰富,但是由地下水补给河水,且有些混凝土构筑物置于地下水位以下。岩体表部裂隙和微裂隙张开,给地下水的储存和运动创造了良好的条件,在砂岩岩体包气带裂隙中还充填有极易溶解的半晶状的铁明矾矿物,这是地下水运动、毛细蒸发作用的佐证。这样的水文地质环境,不仅影响着岩体的特性,亦是水利工程重要的地质环境问题。

关于地质环境中的地温因素,因该工程没有拟建地下工程,工程体基本处于岩体表部,因此没有进行专门研究,只是在对某些环境问题进行地质评价时,予以适当考虑而已。

3.3.3 坝基岩石矿物组成

坝址砂页岩,后期经区域构造破坏,会有构造变质矿物产生,从肉眼鉴定,页岩大多似泥岩类,确切讲就是构造破碎岩。为了弄清其是否含有较多的亲水矿物,首先测定了坝基不同部位岩石的黏土矿物组成,以更好地分析其物理、水理特性。泥质岩黏土矿物分析成果见表 3-2,泥岩差热分析曲线如图 3-9 所示。

黏土矿物中含有一定量的绿泥石/蒙脱石混层矿物,且伊利石含量相对较高,宏观判断该泥质岩可能会有一定的膨胀性,所以又进一步研究了其膨胀性问题,并对同一试样采用 X 射线衍射和差热分析法进行了黏土矿物成分的测定,差热分析曲线如图 3-10 所示,测定成果见表 3-3、表 3-4。

表 3-2 泥质岩黏土矿物分析成果

分析号	岩样名称	X 射线衍射结果	差热分析结果	综合鉴定结果
6340	炭质页岩	K、IL(少量 Ch/S、Q)	K、IL、Ch/S(少量 Py)	K、IL 为主(少量 Ch/S、Q、Py)
6341	杂色泥岩	K、IL、Ch/S、Q	K、IL、Ch/S(少量 G)	K、IL、Ch/S、Q(少量 G)
6342	黑色泥岩	IL、K、Ch/S、Q	IL、K、Ch/S(少量 O)	IL、K、Ch/S、Q(少量 O)
6343	黄色泥岩	IL、K、Ch/S(G、Q)	IL、K、Ch/S(少量 G)	IL、K、Ch/S(少量 G、Q)
6344	杂色泥岩	K、IL、Ch/S、G、Q	IL、K、Ch/S(G、O)	IL、K、Ch/S(G、Q、O)
6345	泥质灰岩	IL、K、Ch/S、Q	IL、K、Ch/S(Py)	IL、K、Ch/S(Q、Py)
6346	泥质灰岩	IL、K、Q、Ch/S	IL、K、Ch/S(Py)	IL、K、Ch/S、Q(Py)
6347	灰质泥岩	K、IL、Ch/S、Q	IL、K、Ch/S、Py	K、IL、Ch/S、Q(Py)
6348	灰质泥岩	IL、K、Ch/S、Q	IL、K、Ch/S(Py)	IL、K、Ch/S、Q(Py)
6349	砂质泥岩	IL、K、Ch/S、Q	IL、K、Ch/S(Py)	IL、K、Ch/S、Q(Py)
6350	砂质泥岩	IL、K、Ch/S、Q	IL、K、Ch/S(Py)	IL、K、Ch/S、Q、Py
6351	炭质页岩	K、IL、Ch/S(Q)	IL、K、Ch/S(Py)	IL、K、Ch/S、Q、Py

注: K 为高岭石,IL 为伊利石,Py 为黄铁矿,Q 为石英,G 为针铁矿,Ch/S 为绿泥石/蒙脱石混层矿物,O 为有机质。

坝基泥质岩中易溶盐含量较高,这与该地区气候干燥有关。大部分泥质岩化学类型为硫酸和硫酸·重碳酸盐型,这与泥质岩中含有石膏和黄铁矿矿物有关,同时从另一方面亦说明岩体表部地下水的循环交替作用相对较弱,使土的化学类型与地下水的化学类型相近。

黏土矿物中含有较多的蒙脱石矿物,这种矿物应当是在碱性环境中形成的;而我们现在所测得的地下水 pH 值较低,呈现弱酸性环境,看来似乎有些矛盾。但从地质历史来看,自第三纪以来,这里均呈现碱性环境,因而第三系黏土具有一定膨胀性,且含有石膏矿,当时石炭系地层暴露于盆底,使石炭系泥岩亦具有一定的膨胀性。在后期构造变动过程中,使其破碎,破碎小块体周围的泥膜膨胀性更强。第四纪以来地下水溶解了部分石膏,水质呈现弱酸性。泥岩是不透水的,水对微裂隙内充填的黏土矿物或由黏土矿物包裹的鳞片体、扁豆体等没有大的影响,没有影响其碱金属离子的变化,故泥岩裂隙中的黏土矿物并没有大的变化,还是有一定的膨胀性。

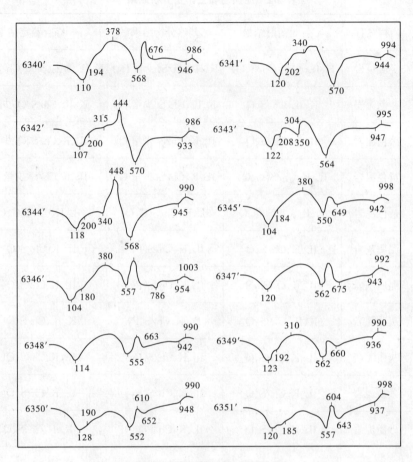

图 3-9　泥质岩差热分析曲线图

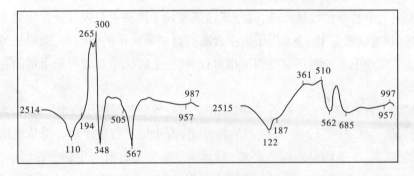

图 3-10　泥质岩差热分析曲线图

表 3-3 坝基岩石膨胀性测定成果

分析号	岩样名称	构造破坏情况	崩解物情况	岩块饱和吸水率（%）	膨胀性判别	伊利石（%）	蒙脱石（%）	有机质（%）	表面积（cm²/g）	<0.002 mm 黏土矿物组成		黏土矿物综合鉴定结果
										X 射线衍射法	差热分析法	
2513	泥岩	劈理化	泥状	30.99	弱膨胀性	25.11	12.43	3.22	145.69	IL,K,Ch,Q		IL,K,Ch/S
2514	黑色泥岩	角砾状断层泥	泥状	29.74	弱膨胀性	28.93	9.89	3.44	109.60	IL,K,Ch/S	IL,K,O,AL	IL,Ch/S,K,O,AL
2516	灰质泥岩	破碎夹泥层	泥状	23.47	弱膨胀性	21.65	10.67	4.57	120.45	IL,K,Ch/S	IL,K	IL,K,Ch/S
2517	砂质泥岩	未破坏	沿结构面局部崩角	2.91	非膨胀性							

注:IL 为伊利石,Py 为黄铁矿,Q 为石英,G 为针铁矿,K 为高岭石,M 为蒙脱石,O 为有机质,AL 为三水铝石[Al(OH)$_3$],Ch/S 为绿泥石蒙脱石混层矿物。

表3-4 泥质岩易溶盐化学分析结果

岩样名称	pH值	含盐量 (mg/100g)	阳离子								阴离子								化学类型
			Ca^{2+}		Mg^{2+}		Na^+		K^+		HCO_3^-		CO_3^{2-}		SO_4^{2-}		Cl^-		
			mg/100g	毫克当量%	mg/100g	毫克当量%	mg/100g	毫克当量%	mg/100g	毫克当量%	mg/100g	毫克当量%	mg/100g	毫克当量%	mg/100g	毫克当量%	mg/100g	毫克当量%	
炭质页岩	6.70	287.05	24.29	26.19	3.46	6.28	62.32	58.66	15.94	8.87	71.23	24.43	—		107.02	73.90	2.79	1.67	$SO_4^{2-}—Na^+、Ca^{2+}$
杂色泥岩	7.00	122.34	—		7.79	42.11	18.92	53.95	2.32	3.95	86.34	86.34	—		—		6.97	12.35	$HCO_3^-—Na^+、Mg^{2+}$
黑色泥岩	6.50	401.57	—		36.61	49.07	64.54	47.55	7.72	3.38	60.44	16.67	—		216.92	76.09	15.34	7.24	$SO_4^{2-}—Mg^{2+}、Na^+$
黄色泥岩	6.70	88.37	—		6.06	43.86	13.58	51.75	2.08	4.39	58.28	80.16	—		—		8.37	20.00	$HCO_3^-—Na^+、Mg^{2+}$
杂色泥岩	7.20	190.77	—		11.26	25.14	60.83	71.62	4.57	3.24	32.38	14.36	—		1.52	24.39	80.21	61.25	$Cl^-—Na^+、Mg^{2+}$
泥质灰岩	7.20	382.21	—		2.60	4.25	102.78	90.08	11.12	5.67	103.61	33.14	—		155.13	62.96	6.97	3.90	$SO_4^{2-}、HCO_3^-—Na^+$
泥质灰岩	6.40	301.73	—		6.75	13.83	71.96	72.28	13.95	8.89	77.71	31.28	—		124.39	63.79	6.97	4.93	$SO_4^{2-}、HCO_3^-—Na^+$
灰质泥岩	6.70	385.69	—		5.20	8.48	99.41	85.21	12.62	6.31	86.34	26.74	—		168.17	65.91	13.95	7.34	$SO_4^{2-}、HCO_3^-—Na^+$
灰质泥岩	7.00	414.77	—		4.33	6.52	107.63	85.14	17.93	8.33	112.28	33.33	—		160.05	60.33	12.55	6.34	$SO_4^{2-}、HCO_3^-—Na^+$
砂质泥岩	7.00	361.88	—		6.06	10.64	90.88	84.04	9.71	5.32	75.55	24.41	—		165.73	67.91	13.95	7.68	$SO_4^{2-}—Na^+$
砂质泥岩	6.90	239.26	—		3.46	9.12	60.83	83.33	9.38	7.55	92.82	49.19	—		65.80	44.34	6.97	6.47	$HCO_3^-、SO_4^{2-}—Na^+$
炭质页岩	6.70	373.46	—		4.76	7.40	105.34	86.91	11.87	5.69	71.23	23.26	—		164.92	68.19	15.34	8.55	$SO_4^{2-}—Na^+$

3.3.4 坝基岩石物理、水理性质

坝基岩体以软岩为主,在构造变动过程中遭受强烈破坏,其矿物成分和水文地质环境亦促使破碎岩物理性质发生变化,其物理、水理性质分析测试结果见表3-5。

完整性相对较好的砂质泥岩,干密度可达 $2.30\sim2.33$ g/cm³;而泥岩(包括黑、灰和黄色泥岩)的干密度则为 $1.61\sim1.81$ g/cm³,这与固结稍好的土的干密度相似,这不仅与黏土矿物含量高有关,同时与岩石中密集发育的劈理、使岩石劈理化有关。坝基岩体大部分地段为泥岩或泥质页岩夹少量砂岩,因此泥质岩的物理、水理性质就受到极大的关注。

砂质泥岩或泥岩均含有蒙脱石矿物或绿泥石/蒙脱石混层矿物,这些矿物绝大部分分布在岩石碎块周边的泥膜中,泥膜的厚度薄厚不一,但都是对水很敏感的矿物,这使岩石具有较强的物理化学活性,吸水即有不同程度的膨胀性。当然,岩石显现出的膨胀性,一方面是黏土矿物——主要是蒙脱石吸水、使水分子进入黏土片之中而产生膨胀作用,另一方面水分子进入微裂隙产生劈裂作用——水劈作用,而导致岩石体积膨胀。前者属物理化学作用,后者属物理现象。不管是哪种因素产生的体积膨胀,都会有膨胀应力,都会使岩体遭到破坏。吸水产生膨胀,而失水则会收缩变形,收缩变形是在收缩应力下产生的,收缩变形使岩体体积缩小、产生收缩裂隙等致使岩体产生破坏。所以破碎页岩中带有泥膜的裂隙、微裂隙,既不同于硬岩裂隙,亦不同于一般黏土岩中的裂隙;既是软岩裂隙,又充填有亲水矿物的黏性土,成为坝基岩体破坏控制性的结构面。在黏土矿物分析中,本应对裂隙附着物和黏土岩或泥岩岩块分别进行取样,裂隙附着物呈薄膜状,分布密度大,极薄,没有办法单独采取样品,只好混合采取样品。因而所得到的蒙脱石矿物含量偏低,其物理化学活性偏弱,这是在工程地质评价中应注意的问题之一。

3.3.5 岩石(体)力学性质研究

我们知道,岩体力学的发展历程是从单一材料破坏发展到今天的结构稳定性研究,亦即流动变形和结构稳定性研究同时提到研究工作日程上来了,这主要是工程建设中出现的大量失败事例的启发和教训而推动该学科向前发展的结果。

岩体的变形、破坏和力学性质都受控于岩体结构——结构特征和结构类型,且与岩石性质和赋存环境密切相关。所以,对于工程岩体,一定要很好地研究岩体力学性质和岩体变形、破坏的基本规律,以便更好地对坝基岩体进行地质评价,据此实施有效的地质工程措施,提出比较符合实际地质环境的岩体物理力学参数的地质建议值。

坝基岩体稳定性,是指坝基岩体在外荷载作用下,抵抗压应力和水平剪应力的稳定安全程度。因而,坝基岩体稳定性研究,亦就成为大坝稳定性设计的重要内容。

为了研究坝基岩体从受荷载直至破坏的全过程,最好做原型建筑物的破坏性试验,但这是不允许的,亦是不可能做到的。因此,只能做室内和现场的岩石、岩体试验,获取岩石和岩体的物理力学参数及其变形破坏形式和受控边界条件。对于大坝而言,一般除承受

表 3-5　坝址泥质岩物理、水理性质分析测试结果

岩样名称	含水率(%)	密度(g/cm³)	干密度(g/cm³)	比重(g/cm³)	饱和度(%)	孔隙比	自由膨胀率(%)	饱和吸水率(%)	崩解	液限 W_L(%)	塑限 W_P(%)	塑性指数 I_P	液性指数 I_L	表面积(m²/g)	蒙脱石(%)	伊利石(%)	CaCO₃(%)
炭质页岩	6.17	2.33	2.19	2.75	65.26	0.26	32	21.08	碎屑泥	26.33	16.89	9.44	-1.135 6	99.802	6.99	19.22	18.94
杂色泥岩	19.67	2.12	1.77	2.75	98.35	0.55	48	37.76	泥化	37.49	18.35	19.14	0.069 0	126.497	7.39	23.81	9.36
黑色泥岩	17.85	2.13	1.81	2.77	93.29	0.53	45	38.03	碎屑泥	37.94	19.19	18.75	-0.071 4	125.373	7.15	14.08	13.03
黄色泥岩	25.69	2.01	1.61	2.74	99.14	0.71	45	46.65	泥化	43.51	22.06	21.45	0.169 2	127.880	8.53	13.11	1.92
杂色泥岩	18.02	2.16	1.83	2.77	97.87	0.51	52	35.88	碎屑泥	42.43	20.56	21.87	-0.116 1	122.979	8.36	25.60	1.65
泥质灰岩	3.13	2.44	2.37	2.74	93.60	0.16	37	24.40	碎屑泥	21.11	14.06	7.05	-1.550 4	96.678	6.34	28.26	19.53
泥质灰岩	3.53	2.42	2.34	2.75	53.93	0.18	35	13.01	碎块加泥	23.74	15.03	8.71	-1.320 3	80.313	5.58	22.76	27.23
灰质泥岩	8.00	2.27	2.10	2.77	69.25	0.32	57	36.37	泥化	32.38	17.07	15.31	-0.592 4	103.272	5.00	23.33	11.40
灰质泥岩	8.40	2.18	2.01	2.74	63.93	0.36	58	25.25	碎块泥	28.23	17.51	10.72	-0.849 8	102.600	5.34	25.89	24.73
砂质泥岩	3.34	2.38	2.30	2.75	71.93	0.20	60	31.47	碎片泥	30.12	18.84	11.28	-1.374 1	128.426	8.10	28.29	11.27
砂质泥岩	2.64	2.39	2.33	2.76	40.48	0.18	55	29.50	碎片泥	21.94	17.15	4.79	-3.029 2	113.653	7.14	27.29	18.70
炭质页岩	9.13	2.37	2.17	2.75	92.99	0.27	40	32.34	泥化	28.53	17.39	11.14	-0.741 5	113.946	7.00	23.27	4.01
砂岩		2.604		2.766		0.06		1.04	不破坏								
砂岩		2.41		2.766		0.15		2.76	不破坏								

垂直荷载外,还要承受水平荷载,在这两种荷载组合作用下,坝基岩体强度达到破坏时具有的独特的破坏形式和破坏特征。目前研究该类问题的所有手段,只有通过室内岩石试验、现场大型原位试验,再用理论分析和研究,建立起符合实际的工程地质模型,提出工程地质参数和地质工程的建议。

为了研究坝基岩体工程特性和破坏形式,做室内岩石抗压强度和三轴压缩试验,在现场进行原位变形和抗剪试验等。

3.3.5.1　室内岩石试验

室内岩石单轴抗压强度试验和三轴压缩试验成果分别见表3-6、表3-7。从单轴抗压试验和三轴压缩试验成果来看,坝基岩体虽由多种岩石组成,但均属极软岩的力学属性;杂色泥岩、泥岩和灰质泥岩的抗压强度更低,相当于一般黏性土体的强度。这些初步试验结果引起了大家的关注,各家争论的声音亦逐渐高涨起来,但大多集中在坝基岩体物理力学参数如何选取或试验参数取值原则确定的问题上,在此不再赘述。

由上述试验成果分析,岩石(体)力学特性有如下特点:

(1)由于岩石破碎,大多呈碎裂结构,且结构体为软弱岩石,从岩体变形或破坏类型来看,既有体积的变化,又有形状的改变;其结构体的变形机制中既有压缩、剪切和滚动变形,又有轴向、横向等缩短、弯曲等变形机制。这亦进一步说明了破碎的泥质岩虽然微裂隙发育,结构体很细小,岩体几乎近于各向同性,但各向力学特性差异不大。

由于岩石质地软弱,微小结构面异常发育,单轴压缩过程中侧向变形比较强烈,但在单轴压缩仪上是无法测定侧压应力值的,所以只能在分析和应用试验资料时予以考虑。

(2)三轴剪切破裂面应发生在与轴向夹角为$45° + \frac{1}{2}\varphi$(φ代表岩石的内摩擦角)的面上,而实际的破坏形式有剪切破坏、鼓胀破坏和剪切鼓胀破坏的形式,而剪切破裂面与轴向的夹角在50°左右。从破坏形式分析,岩石组成的岩体虽然有较大的不均一性,但由于构造破碎后结构体细小,各向异性不太明显,鼓胀破坏形式表明岩体的各向同性特征。

(3)岩石软弱,变形大多为塑性变形,强度很低。

(4)裂隙和微裂隙面上附着有膨胀性黏土矿物,膨胀性黏土具遇水膨胀、失水干裂的胀缩特性,因而室内制备试样困难很大,试样不易做成,且进行饱水时亦只能在有侧限的条件下进行,所以试件不一定能达到饱和状态。尤其泥质岩类结构破碎、透水性极差,试样饱水更加困难;在压缩过程中排水亦很困难,排水时间亦相对较长,这种试验边界条件的特点和试样中水的作用,在分析和运用试验资料时要予以考虑。

3.3.5.2　中型剪切试验成果

室内试验样品制备难度很大,尤其原状岩样失水后产生密集的收缩裂隙,使制样更难。为避免岩样失水,在现场安装中型剪力仪,由钻孔取出的岩心(直径110 mm)马上进行试验,试验成果见表3-8。

表3-6 岩石单轴抗压强度试验成果

岩性	风化程度	含水量(%)	密度(g/cm³)	单轴抗压强度(MPa)	变形模量 E_0(MPa)	区间变形模量 E_{28}(MPa)	泊松比	破坏形式	试验块数	备注
灰质泥岩	弱、微风化	6.23~8.2 / 7.04	2.14~2.35 / 2.22	0.31~1.67 / 0.60	7.99~146.10 / 33.40	8.22~150.50 / 37.91	0.37~0.40 / 0.38	剪破坏	7	
	弱、微风化	浸水		0.11~0.20 / 0.16	1.41~5.69 / 3.20	1.51~9.38 / 6.03	0.41~0.44 / 0.42	剪破坏	3	
	强风化	13.68	2.01	0.22	3.38	3.52	0.40	剪破坏	1	
杂色泥岩	弱、微风化	11.19~11.66 / 11.42	2.27~2.29 / 2.28	0.30~0.73 / 0.52	7.36~15.25 / 11.30	8.20~15.50 / 11.85	0.38~0.42 / 0.40	剪破坏	2	
	强风化	20.52~24.65 / 22.58	2.06~2.10 / 2.08	0.17~0.20 / 0.18	2.20~3.20 / 2.70	2.27~3.52 / 2.90	0.42~0.44 / 0.43	剪破坏	2	
砂质泥岩	弱风化	3.59~5.70 / 4.88	2.36~2.76 / 2.52	0.19~2.85 / 1.14	4.32~435.50 / 153.30	4.47~450.60 / 158.50		剪破坏	3	
炭质页岩	微风化	8.83~12.35 / 10.59	2.23~2.33 / 2.28	0.19~0.53 / 0.36	2.20~23.20 / 12.70	2.51~26.70 / 14.60		鼓胀剪破坏	2	
	微风化	浸水		0.21	5.70	6.80	0.39	剪破坏	1	
泥质灰岩	弱、微风化	3.75~7.46 / 5.88	2.30~2.45 / 2.37	0.33~2.51 / 1.36	6.14~360.50 / 135.60	7.55~366.80 / 139.90	0.37~0.39 / 0.38	鼓胀剪破坏	3	
	弱、微风化	浸水	2.42	0.70	100.47	104.36			1	
灰岩	弱、微风化	干	2.71~2.78 / 2.76	33.27~55.92 / 47.56	$(4.50\sim6.85)\times10^3$ / 5.53×10^3	$(4.92\sim7.08)\times10^3$ / 5.83×10^3	0.22~0.23 / 0.23	张或剪破坏	3	E_{28} 指最大主应力为破坏应力20%~80%之间的变形模量
	弱、微风化	饱水	2.53~2.69 / 2.61	9.53~53.86 / 37.35	$(0.48\sim5.82)\times10^3$ / 4.01×10^3	$(0.52\sim6.12)\times10^3$ / 4.72×10^3	0.20~0.30 / 0.25	张破坏	3	
砂岩	微风化	干	2.50~2.74 / 2.58	19.60~102.18 / 64.71	$(4.47\sim15.60)\times10^3$ / 10.58×10^3	$(4.76\sim16.00)\times10^3$ / 10.96×10^3	0.20	张或剪破坏	4	
	微风化	饱水	2.55~2.78 / 2.67	21.44~62.79 / 44.04	$(1.85\sim11.00)\times10^3$ / 7.04×10^3	$(2.21\sim13.10)\times10^3$ / 8.15×10^3	0.22~0.26 / 0.24	张或剪破坏	5	

表 3-7　岩石三轴压缩试验成果

岩性	风化程度	含水量(%)	密度(g/cm³)	围压 σ_3(MPa)	破坏应力 σ_1(MPa)	变形模量 E_0(MPa)	区间变形模量 E_{28}(MPa)	强度参数 摩擦系数	强度参数 内聚力(MPa)	破坏形式	组数	备注
灰质泥岩	弱、微风化	$\dfrac{5.24\sim8.44}{6.76}$	$\dfrac{2.18\sim2.47}{2.32}$	0.1~0.8	0.75~2.54	20.52~40.80	21.42~42.90	$\dfrac{0.43\sim0.60}{0.54}$	$\dfrac{0.03\sim0.08}{0.06}$	剪破坏	3	E_{28}指最大主应力为破坏应力 应力20%~80%之间的变形模量 砂岩为直剪强度，其余为三轴剪强度
	微风化	浸水	$\dfrac{2.38\sim2.46}{2.42}$	0.05~0.20	0.20~0.36	10.80~14.00	14.50~16.20	0.27	0.02		1	
	强风化	$\dfrac{14.60\sim16.88}{15.42}$	$\dfrac{2.05\sim2.17}{2.11}$	0.02~0.08	0.29~0.40	4.67~5.51	4.82~5.68	0.29	0.05	剪破坏	1	
杂色泥岩	微风化	$\dfrac{9.72\sim11.70}{10.80}$	$\dfrac{2.12\sim2.22}{2.18}$	0.1~0.4	0.34~1.07	10.44~15.50	12.20~16.72	0.41	0.42	剪破坏具塑性鼓胀	1	
	强风化	$\dfrac{18.86\sim28.44}{23.45}$	$\dfrac{1.99\sim2.15}{2.09}$	0.02~0.08	0.21~0.38	3.29~5.25	3.50~5.28	$\dfrac{0.24\sim0.28}{0.26}$	$\dfrac{0.02\sim0.04}{0.03}$	鼓胀剪破坏	2	
砂质泥岩	弱、微风化	$\dfrac{6.06\sim7.21}{6.56}$	$\dfrac{2.17\sim2.31}{2.23}$	0.2~0.6	0.95~2.2	20.50~23.65	21.60~24.70	0.65	0.04	剪破坏	1	
炭质页岩	微风化	$\dfrac{10.37\sim16.27}{12.92}$	$\dfrac{2.18\sim2.24}{2.22}$	0.1~0.4	0.33~0.87	7.01~10.38	7.25~12.50	0.28	0.01	鼓胀剪破坏	1	
泥质灰岩	微风化	$\dfrac{3.73\sim5.75}{4.77}$	$\dfrac{2.38\sim2.48}{2.42}$	0.2~1.2	1.4~4.2	81.5~94.2	82.60~94.60	0.53	0.07	沿层面剪破坏	1	
泥质灰岩(泥质含量低)	微风化	浸水		1.0~4.0	14.6~25.26	$(2.75\sim3.10)\times10^3$	$(2.75\sim3.10)\times10^3$	0.60	0.43	沿层面剪破坏	1	
砂岩	微风化							$\dfrac{0.73\sim1.17}{0.95}$	$\dfrac{2.40\sim12.50}{7.40}$		2	

· 41 ·

表 3-8 现场中型抗剪试验成果

岩性	组别	抗剪断强度				剪切面地质描述
		σ（MPa）	τ（MPa）	f'	C'（MPa）	
炭质页岩	1-1	0.20	0.18	0.39	0.10	剪切面参差不齐,起伏差 0.5～1.0 cm,剪切面中心有一硬质岩块 1.5～2.0 cm,见明显剪切擦痕,可塑状。岩样取于 ZK16 孔,孔深 5.30～5.50 m
	1-2	0.40	0.24			剪切面平直光滑,见明显擦痕,可塑状。岩样取于 ZK16 孔,孔深 5.70～5.85 m
	1-3	0.60	0.36			剪切面起伏不平,起伏差 0.5～0.8 cm,页岩较干硬。岩样取于 ZK17 孔,孔深 45.20～45.50 m
	1-4	1.00	0.50			剪切面起伏不平,起伏差 1.0～1.5 cm,页岩中夹2 cm×3 cm的灰质泥岩团块。岩样取于 ZK17 孔,孔深 45.20～45.50 m
	1-6	1.20	0.52			剪切面较平,起伏差 0.2～0.4 cm,呈硬塑状。岩样取于 ZK16 孔,孔深 26.30～26.50 m
	2-1	0.02	0.26	0.46	0.16	剪切面起伏不平,起伏差 1.0 cm,以煤矸石为主,为硬性结构面。岩样取于 ZK16 孔,孔深 7.70～7.90 m
	2-2	0.40	0.44			剪切面起伏不平,起伏差 0.5～0.8 cm,页岩干硬,厚 1 mm 左右。岩样取于 ZK16 孔,孔深 10.00～10.30 m
	2-3	1.00	0.62			剪切面起伏不平,起伏差 0.5～1.0 cm,页岩干硬,多为岩屑,粒径 0.5～1.0 cm,最大 1.5～3.0 cm。岩样取于 ZK16 孔,孔深 10.00～10.30 m
	2-4	0.80	0.90			剪切面不平,起伏差 2.0 cm,页岩干硬。岩样取于 ZK16 孔,孔深 10.30～10.60 m
	2-5	1.20	0.62			剪切面平直光滑,起伏差 0.5 cm 左右,可塑状。岩样取于 ZK16 孔,孔深 10.60～10.90 m
	2-6	0.60	0.40			剪切面不平,起伏差 0.5～0.8 cm。岩样取于 ZK17 孔,孔深 45.50～45.90 m
灰质泥岩	3-1	0.60	0.45	0.46	0.08	剪切面不平,起伏差 0.5～1.0 cm,剪切面上70%为硬质岩块。岩样取于 ZK16 孔,孔深 6.40～6.60 m
	3-2	0.08	0.37			剪切面较平,起伏差 0.5 cm,见擦痕,软塑状。岩样取于 ZK16 孔,孔深 7.00～7.20 m
	3-3	1.20	0.64			剪切面不平,起伏差 1.6 cm,软塑状,夹两块 $\phi30$ mm、$\phi35$ mm 的砾石。岩样取于 ZK16 孔,孔深 7.30～7.50 m
	3-4	1.20	0.67			剪切面较平,起伏差 0.5 cm 左右,灰质泥岩成碎屑状,最大粒径 0.5 cm 左右。岩样取于 ZK16 孔,孔深 11.60～11.90 m

岩性	组别	抗剪断强度				剪切面地质描述
		σ (MPa)	τ (MPa)	f'	C' (MPa)	
	7-1	1.00	0.50			剪切面不平,起伏差 0.5～1.0 cm,硬塑状,见明显擦痕。岩样取于 ZK16 孔,孔深 40.80～41.20 m
	7-2	0.40	0.31			剪切面不平,起伏差 0.50～1.0 cm,硬塑状,见明显擦痕。岩样取于 ZK16 孔,孔深 40.80～41.20 m
	7-3	0.20	0.42	0.47	0.12	剪切面不平,起伏差 0.5～1.0 cm,硬塑状。岩样取于 ZK16 孔,孔深 44.00～44.30 m
	7-4	1.20	0.68			剪切面较粗糙,起伏差 0.3～0.5 cm,硬塑状。岩样取于 ZK16 孔,孔深 44.00～44.30 m
	7-5	0.80	0.44			剪切面不平,起伏差 0.5～1.0 cm,硬塑状。岩样取于 ZK16 孔,孔深 41.60～41.80 m
	7-6	0.60	0.43			剪切面较粗糙,起伏差 0.3～0.6 cm,硬塑状。岩样取于 ZK16 孔,孔深 44.00～44.30 m
灰质泥岩	8-1	0.60	0.54			剪切面不平,起伏差 0.5～0.7 cm,硬塑状,夹小岩块。岩样取于 ZK16 孔,孔深 45.40～45.60 m
	8-2	0.20	0.43			剪切面极不平整,起伏差 2 cm 左右。岩样取于 ZK16 孔,孔深 45.40～45.60 m
	8-3	1.00	0.69			剪切面不平,起伏差 1.5 cm,硬塑状。岩样取于 ZK16 孔,孔深 45.00～45.40 m
	8-4	1.20	0.72	0.41	0.28	剪切面不平,起伏差 1.5 cm,硬塑状。岩样取于 ZK16 孔,孔深 45.00～45.40 m
	8-5	0.40	0.45			剪切面不平,起伏差 1.7 cm,硬塑状,夹一 3 cm×2.5 cm 的岩石团块。岩样取于 ZK16 孔,孔深 45.60～45.80 m
	8-6	0.80	0.48			剪切面较粗糙,起伏差 0.2～0.5 cm,硬塑状。岩样取于 ZK16 孔,孔深 45.60～45.80 m
	9-1	0.80	0.50			剪切面粗糙,起伏差 0.5～1.0 cm,硬塑状。岩样取于 ZK17 孔,孔深 6.20～6.60 m
	9-2	0.40	0.31			剪切面较平整,硬塑状。岩样取于 ZK17 孔,孔深 6.20～6.60 m
	9-3	1.20	0.57			剪切面较平整,硬塑状。岩样取于 ZK17 孔,孔深 19.10～19.40 m
	9-4	1.00	0.47	0.47	0.12	剪切面平整,硬塑状。岩样取于 ZK17 孔,孔深 21.40～21.60 m
	9-5	0.60	0.66			剪切面不平,起伏差 1.0～1.5 cm,质硬。岩样取于 ZK17 孔,孔深 21.80～22.00 m
	9-6	0.20	0.20			剪切面平整,软塑状。岩样取于 ZK17 孔,孔深 26.60～23.90 m

岩性	组别	抗剪断强度				剪切面地质描述
		σ（MPa）	τ（MPa）	f'	C'（MPa）	
泥岩	13-1	0.60	0.26			剪切面平直,见明显擦痕,软塑状,纯泥。岩样取于 ZK17 孔,孔深 27.30～27.80 m
	13-2	1.20	0.40			剪切面平直,见明显擦痕,软塑状,纯泥。岩样取于 ZK17 孔,孔深 27.30～27.80 m
	13-3	1.00	0.28	0.22	0.12	剪切面平直,软塑状,纯泥。岩样取于 ZK17 孔,孔深 28.30～28.60 m
	13-4	0.80	0.30			剪切面平直,见明显擦痕,硬塑状,纯泥。岩样取于 ZK17 孔,孔深 33.70～33.90 m
	13-5	0.40	0.34			剪切面不平,起伏差 1.0 cm,硬塑状。岩样取于 ZK17 孔,孔深 31.60～32.00 m
	9-6	0.20	0.20			剪切面平整,软塑状。岩样取于 ZK17 孔,孔深 26.60～23.90 m
炭质页岩	14-1	0.80	0.56			剪切面较平,起伏差 0.3～0.5 cm,页岩手搓成粉末。岩样取于 ZK17 孔,孔深 42.00～42.20 m
	14-2	0.40	0.48			剪切面不平,起伏差 0.5～0.8 cm,页岩成片状垂直于剪切面。岩样取于 ZK17 孔,孔深 45.90～46.20 m
	14-3	1.00	0.75	0.46	0.28	剪切面不平,起伏差 0.5～0.8 cm,页岩成片状垂直于剪切面。岩样取于 ZK17 孔,孔深 45.90～46.20 m
	14-4	1.20	0.58			剪切面较平,起伏差 0.3～0.5 cm,页岩软化,见明显擦痕。岩样取于 ZK17 孔,孔深 45.50～45.90 m
	14-5	0.60	0.62			剪切面不平,起伏差 0.5～0.8 cm,页岩较干硬。岩样取于 ZK17 孔,孔深 46.20～46.50 m
	14-6	0.20	0.38			剪切面不平,起伏差 0.5～0.8 cm。岩样取于 ZK17 孔,孔深 46.20～46.50 m
杂色泥岩	15-1	0.80	0.32			剪切面较平,起伏差 0.3～0.5 cm,见明显擦痕,夹少量泥岩碎块。岩样取于 ZK34 孔,孔深 40.00～40.20 m
	15-2	1.20	0.44	0.24	0.15	剪切面不平,起伏差 0.5～1.0 cm,泥岩成薄碎块状,手捏即碎。岩样取于 ZK34 孔,孔深 42.05～42.30 m
	15-3	0.60	0.30			剪切面不平,起伏差 0.5～1.0 cm,泥岩成薄碎块状,手捏即碎。岩样取于 ZK34 孔,孔深 45.05～42.30 m

岩性	组别	抗剪断强度				剪切面地质描述
		σ (MPa)	τ (MPa)	f'	C' (MPa)	
杂色泥岩	15-4	1.00	0.58	0.24	0.15	剪切面不平整,起伏差 0.5～1.0 cm,泥岩成碎块状,手捏不碎,掰可断。岩样取于 ZK34 孔,孔深 43.90～44.20 m
	15-5	0.40	0.28			剪切面较平,起伏差 0.3～0.5 cm,泥岩成碎块状,手捏不碎,掰可断。岩样取于 ZK34 孔,孔深 45.90～46.20 m
	15-6	0.20	0.20			剪切面较平,起伏差 0.3 cm,无泥岩碎块,见明显擦痕。岩样取于 ZK34 孔,孔深 45.90～46.20 m
	19-1	0.40	0.21	0.19	0.14	剪切面平整,见明显擦痕,硬塑状。岩样取于 ZK51 孔,孔深 26.30～26.50 m
	19-2	1.00	0.27			剪切面平整,见明显擦痕,硬塑状。岩样取于 ZK51 孔,孔深 26.30～26.50 m
	19-3	0.60	0.26			剪切面平整,见明显擦痕,硬塑状。岩样取于 ZK51 孔,孔深 28.70～29.00 m
	19-4	1.20	0.32			剪切面平整,见明显擦痕,硬塑状。岩样取于 ZK51 孔,孔深 28.70～29.00 m
	19-5	0.20	0.18			剪切面不平,起伏差 1.0 cm 左右,见擦痕,硬塑状。岩样取于 ZK51 孔,孔深 27.50～27.80 m
	19-6	0.80	0.32			剪切面不平,起伏差 0.5～1.0 cm,泥岩较干硬。岩样取于 ZK15 孔,孔深 27.50～27.80 m
	20-1	0.40	0.35	0.27	0.16	剪切面不平,起伏差 1.0～1.5 cm,泥岩较干硬,夹少量岩石碎块。岩样取于 ZK51 孔,孔深 26.50～26.80 m
	20-2	1.00	0.50			剪切面不平,起伏差 1.0～1.5 cm,泥岩较干硬,夹少量岩石碎块。岩样取于 ZK51 孔,孔深 26.50～26.80 m
	20-3	0.60	0.33			剪切面平整,硬塑状。ZK41 孔,孔深 13.80～14.00 m
	20-4	1.20	0.49			剪切面较平,起伏差 0.3～0.5 cm,硬塑状。岩样取于 ZK41 孔,孔深 10.80～11.00 m
	20-5	0.80	0.33			剪切面较平,起伏差 0.3～0.5 cm,硬塑状。岩样取于 ZK41 孔,孔深 10.80～11.00 m
	20-6	0.20	0.20			剪切面平整,硬塑状。岩样取于 ZK41 孔,孔深 11.80～12.00 m

注:部分试样破坏,成果已去除。

中型剪切试验是在现场安装仪器做试验的,避免了采样和运输过程中对试验样品的扰动、破坏和失水,样品直径采用 110 mm,与现行《水利水电工程岩石试验规程》(SL264—2001)要求试样直径 150 mm 有一定的误差。另外,需要注意,对于极软岩而言,中型剪切试验和室内土工试验中的直剪试验是很相近的,因而在分析和应用直剪资料时应注意中型剪切试验的几个特征:

(1)剪切过程中剪切应变分布是不均匀的,应力条件复杂,而分析计算只能当作均匀分布来考虑,这就会给成果带来一定的误差。

(2)剪切过程中,随着水平位移的增大试样面积逐渐减小,且垂直荷载发生偏心,使应力计算误差增大。

(3)剪切面是人为限制、固定的剪切面。

(4)不能严格控制试样的排水条件。

以上这些试验条件,亦是试验成果分析时应予以注意的。

表 3-8 中资料,按同一类岩石,同一正应力—不同剪应力或同一剪应力—不同正应力曲线求取抗剪强度,统计成果见表 3-9、表 3-10,绘成关系曲线如图 3-11~图 3-18 所示。

表 3-9　中型剪抗剪强度参数统计表

岩石名称	平均值		小值平均值		备注
	f'	C'（MPa）	f'	C'（MPa）	
炭质页岩	0.45	0.17	0.37	0.15	在同一正应力、5 个不同剪应力下的抗剪强度平均值
灰质泥岩	0.38	0.18	0.32	0.17	
泥　岩	0.30	0.12	0.22	0.11	
杂色泥岩	0.26	0.13	0.22	0.11	

表 3-10　中型剪抗剪强度参数群点法统计表

岩石名称	f'	C'（MPa）	备　注
炭质页岩	0.42	0.18	采用群点法,在同一剪应力—不同正应力曲线求得的抗剪强度参数
灰质泥岩	0.37	0.20	
泥　岩	0.28	0.12	
杂色泥岩	0.27	0.12	

由上述室内常规岩石试验和现场中型剪切试验资料分析,坝基岩石有如下特征:

(1)采用不同方法整理资料,结果很相近,变形或破坏的形式基本相似,力学特性规律较一致。

(2)同一岩性试验数据的分散性,是试件尺寸效应、含水率不同和剪切面性状所致,但分散性不大,进一步证明了试件结构的均一性。

(3)从剪切变形曲线来看,当屈服值出现后,随剪应力的增加,很快即进入破坏阶段;

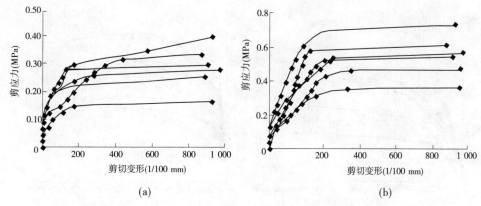

图 3-11　炭质页岩中型剪试验剪应力与正应力关系曲线

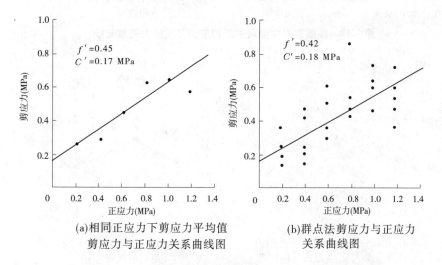

图 3-12　炭质页岩中型剪试验剪应力与正应力关系曲线

当不太明显的峰值强度出现后,虽剪应力不增加,但水平变形不断增加,曲线近水平延伸,均呈塑性破坏形式。

3.3.5.3　对软弱岩石蠕变特性的研究

泥质软弱岩具有蠕变特性,这亦是软弱岩的力学特性之一。在中国科学院地质与地球物理研究所周瑞光教授和程彬芳教授帮助下,坝基所有软弱岩均进行了蠕动变形试验,以便更好地了解软弱岩的起始流变强度和长期强度,更好地评价由复杂岩体组成的坝基岩体力学性质和建坝地质条件。

为使蠕变试验成果与常规试验成果更好地进行对比,在蠕变试验之前首先进行了软弱岩的常规岩石试验,常规岩石试验成果见表 3-11。

对泥质岩力学性质进行常规试验研究的同时,我们又进行了泥质岩的蠕变试验,对泥质岩的蠕变力学特性进行了较全面的研究,如泥质岩在各围压下的应变特性、破坏应力、起始流变应力、长期强度等。试验成果如表3-12～表 3-17、图 3-19～图 3-28 所示。

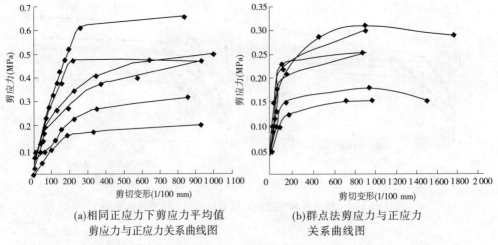

(a)相同正应力下剪应力平均值　　　　(b)群点法剪应力与正应力
　　剪应力与正应力关系曲线图　　　　　关系曲线图

图 3-13　灰质泥岩中型剪试验剪应力与正应力关系曲线

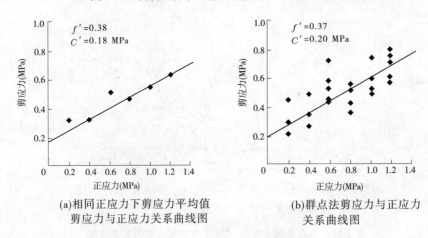

(a)相同正应力下剪应力平均值　　　　(b)群点法剪应力与正应力
　　剪应力与正应力关系曲线图　　　　　关系曲线图

图 3-14　灰质泥岩剪应力与正应力关系曲线

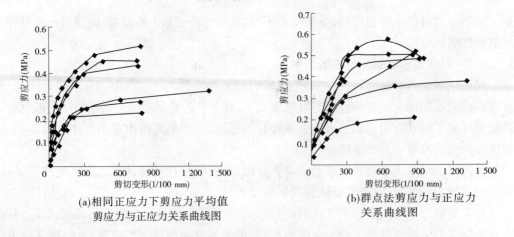

(a)相同正应力下剪应力平均值　　　　(b)群点法剪应力与正应力
　　剪应力与正应力关系曲线图　　　　　关系曲线图

图 3-15　泥岩中型剪试验剪应力与正应力关系曲线

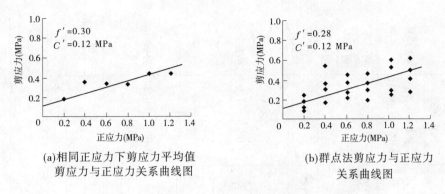

(a)相同正应力下剪应力平均值　　　　　(b)群点法剪应力与正应力
　　剪应力与正应力关系曲线图　　　　　　　关系曲线图

图 3-16　泥岩中型剪试验剪应力与正应力关系曲线

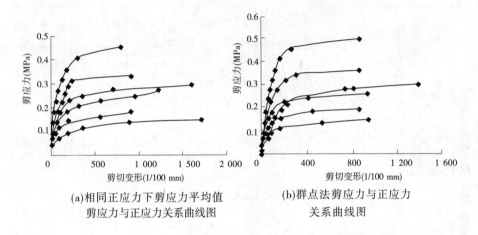

(a)相同正应力下剪应力平均值　　　　　(b)群点法剪应力与正应力
　　剪应力与正应力关系曲线图　　　　　　　关系曲线图

图 3-17　杂色泥岩中型剪试验剪应力与正应力关系曲线

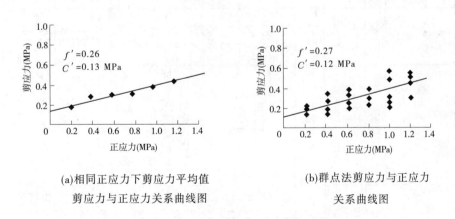

(a)相同正应力下剪应力平均值　　　　　(b)群点法剪应力与正应力
　　剪应力与正应力关系曲线图　　　　　　　关系曲线图

图 3-18　杂色泥岩剪应力与正应力关系曲线

表 3-11　坝基软弱岩物理力学试验成果

试样编号	取样深度 (m)	岩石描述	含水率 (%)	密度 (g/cm³)	围压 σ_3 (MPa)	破坏应力 σ_c (MPa)	变形模量 E_D (MPa)	变形模量 E_{28} (MPa)	泊松比	强度参数 内聚力 (MPa)	强度参数 内摩擦角 (°)	破坏描述
15-19	48.75~48.90	灰质泥岩	浸水	2.27	0	0.11	1.41	1.51	0.40			剪破坏
23-26	23.10~23.50	灰质泥岩	7.56	2.24	0	0.58	27.9	44.92				剪破坏
13-4	38.90~39.30	灰质泥岩,劈理很发育	7.28	2.14	0	0.26	15.24	20.50	0.39			剪破坏
14-13	32.20~32.37	灰质泥岩	6.23	2.32	0	1.67	146.10	150.56	0.38			塑性鼓胀破坏
23-3	12.30~12.47		6.80	2.13	0	0.35	8.86	9.76	0.37			
23-7	13.50~13.80	灰质泥岩	6.82	2.25	0.1	1.12	35.40	38.60		0.08	31.0	剪破坏
23-5	12.95~13.10	黑灰色,劈理发育	6.29	2.36	0.2	1.55	38.70	39.50				
23-9	14.15~14.25		6.32	2.47	0.3	1.73	40.20	42.50				
23-8	13.95~14.10	灰质泥岩	6.45	2.46	0.4	2.22	40.80	42.90				
13-4a	38.90~39.30		6.30	2.18	0	0.31	8.15	10.21				
13-4b	38.90~39.30	黑灰色 4a,4b 劈理两组很发育,5a,5b,5c 劈理相对发育	8.44	2.19	0.2	1.47	29.60	31.50		0.06	30.2	剪破坏
13-5a	24.80~25.30		8.28	2.27	0.3	1.88	29.10	30.20				
13-5b	24.80~25.30		6.24	2.27	0.4	2.06	27.40	30.10				
13-5c	24.80~25.30		6.69	2.34	0.5	2.54	30.80	32.50				
22-7	35.65~35.80	灰质泥岩	浸水	2.46	0	0.165	2.50	9.38	0.44			剪破坏
23-37	28.65~28.82	灰质泥岩 具少量劈理	浸水	2.42	0.05	0.20	11.50	14.50		0.02	15.2	
23-38	28.82~29.04		浸水	2.38	0.10	0.29	10.80	15.60				
23-40	29.32~29.55		浸水	2.46	0.15	0.36	12.60	15.00				
23-39	29.04~29.32		浸水	2.41	0.20	0.44	14.00	16.20				

试样编号	取样深度 (m)	岩石描述	含水率 (%)	密度 (g/cm³)	围压 σ₃ (MPa)	破坏应力 σc (MPa)	变形模量 E_D (MPa)	变形模量 E₂₈ (MPa)	泊松比	内聚力 (MPa)	内摩擦角 (°)	破坏描述
27-4	20.40~20.60	砂质泥岩	5.34	2.43	0	0.19	4.32	4.47				剪破坏
23-15	15.90~16.12	砂质泥岩	5.70	2.76	0	2.85	435.5	450.6				沿裂面剪破坏
23-11	14.55~14.83		3.59	2.36	0	0.37	19.92	20.56				
23-14	15.80~15.90	砂质泥岩 灰黑色,劈理发育	6.79	2.17	0.2	0.95	21.70	23.50		0.04	32.9	剪破坏
23-28	24.68~24.80		6.06	2.31	0.35	1.41	22.76	24.50				
23-27	24.00~24.20		7.21	2.21	0.45	1.84	20.50	21.60				
23-10	14.40~14.55		6.17	2.23	0.60	2.20	23.65	24.70				
23-11b	14.55~14.83	砂质泥岩,坚硬,有贝壳断口	4.67	2.51	0.60	5.32	284.90	300.50				张裂破坏
27-1	3.84~4.09	炭质泥岩,劈理相当发育	8.83	2.23	0	0.53	23.20	26.70				剪破坏
22-8	36.10~36.25	泥岩	12.35	2.33	0	0.19	2.20	2.51				鼓胀破坏
23-34b	27.15~27.48	炭质泥岩均具有挤压劈理,但不及试样13-4发育	14.00	2.23	0.1	0.33	7.01	7.25				鼓胀剪破坏鼓胀非均匀分布
23-35b	27.88~28.15		10.37	2.24	0.2	0.51	7.93	8.51		0.01	15.7	
23-34a	27.15~27.48		16.27	2.18	0.3	0.68	9.15	10.76				
23-35a	27.88~28.15		11.04	2.24	0.4	0.87	10.38	12.50				
26-3	34.75~35.00	炭质泥岩	浸水	2.48	0	0.214	5.70	6.80	0.39			剪破坏
29-2	24.30~24.50	泥岩浅黄绿色,劈理多	11.19	2.27	0.1	0.73	15.25	15.50	0.38			剪破坏
14-10	31.52~31.70	杂色泥岩,灰黑色	11.66	2.29	0	0.30	7.36	8.20	0.42			剪破坏
14-12a	31.95~32.20	杂色泥岩,劈理发育	10.07	2.12	0.1	0.34	10.44	12.20				
14-11b	31.70~31.95		11.70	2.18	0.2	0.61	14.20	15.65		0.42	22.5	
14-12b	31.95~32.20		9.72	2.22	0.3	0.79	12.32	14.50				
14-11a	31.70~31.95		11.70	2.20	0.4	1.07	15.50	16.72				剪破坏,具塑性鼓胀

续表 3-11

试样编号	取样深度 (m)	岩石描述	含水率 (%)	密度 (g/cm³)	围压 σ_3 (MPa)	破坏应力 σ_c (MPa)	变形模量 E_D (MPa)	变形模量 E_{28} (MPa)	泊松比	强度参数 内聚力 (MPa)	强度参数 内摩擦角 (°)	破坏描述
26-2	15.00~15.25	泥岩	3.94	2.28	0	0.92	53.80	55.72	0.38			剪破坏
27-3	18.40~18.60	泥岩	浸水	2.45	0	0.202	5.69	7.21	0.41			剪破坏
22-6	33.90~34.00	泥岩	浸水	2.49	0	0.239	5.46	9.24	0.40			剪破坏
23-60	43.55~43.70	泥岩	8.20	2.31	0	0.40	7.99	8.22	0.40			鼓胀剪破坏
渠1	0.40~0.60	杂色泥岩	20.52	2.06	0	0.20	3.20	3.52	0.42			剪破坏
渠2	0.40~0.60		19.02	2.07	0.02	0.27	4.05	4.16		0.04	15.5	
渠3	0.40~0.60		21.16	2.10	0.04	0.31	4.20	4.25				
渠4	0.40~0.60		19.75	2.12	0.06	0.34	4.62	4.80				
渠5	0.40~0.60		18.86	2.15	0.08	0.38	5.25	5.28				
渠6	0.40~0.60	黄色泥岩 (风化)	24.65	2.10	0	0.17	2.20	2.27	0.44			鼓胀剪破坏
渠7	0.40~0.60		27.00	2.08	0.02	0.21	3.29	3.50		0.02	13.5	剪破坏
渠8	0.40~0.60		26.73	2.08	0.04	0.24	3.50	3.56				鼓胀剪破坏
渠9	0.40~0.60		28.44	1.99	0.06	0.27	3.72	3.85				
渠-10	0.40~0.60		26.66	2.11	0.08	0.31	4.02	4.28				
渠-11	0.40~0.60	黑色泥岩 (风化)	13.68	2.01	0	0.22	3.38	3.52	0.40			剪破坏
渠-12	0.40~0.60		15.30	2.05	0.02	0.29	4.67	4.82		0.05	16.2	
渠-13	0.40~0.60		14.60	2.10	0.04	0.33	5.06	5.12				
渠-14	0.40~0.60		16.88	2.13	0.06	0.36	5.28	5.45				
渠-15	0.40~0.60		14.89	2.17	0.08	0.40	5.51	5.68				

注:该试验成果为常规岩石试验值。

表 3-12　灰质泥岩在天然含水率下蠕变试验成果

试样编号	取样深度 (m)	岩石描述	含水率 (%)	密度 (g/cm³)	围压 σ_3 (MPa)	破坏应力 σ_c (MPa)	起始流变应力 σ_i (MPa)	黏滞系数 $\eta \times 10^{12}$ (Pa·s)	破坏强度参数 内聚力 C (MPa)	破坏强度参数 内摩擦角 φ (°)	长期强度参数 内聚力 C (MPa)	长期强度参数 内摩擦角 φ (°)	破坏描述
23-21	18.30~18.50	灰质泥岩内有 30°~38° 的节理面,节理面具起伏,并有少量劈理	7.08	2.27	0	0.48	0.12	4.58					
23-25	22.09~23.10		6.66	2.40	0.05	0.88	0.19	8.00					
23-23	22.40~22.60		7.58	2.24	0.10	1.03	0.26	7.70	0.08	28.5	0.02	18.4	沿节理面剪切流动破坏
23-22	19.80~19.93		6.52	2.25	0.15	1.12	0.38	9.50					
23-24	22.60~22.85		6.80	2.40	0.20	1.26	0.47	8.60					
15-20	48.92~49.10	灰质穿性岩,非贯穿裂隙,较多	12.28	2.20	0	0.31	0.10	2.05					
15-18	48.55~48.75		9.30	2.25	0.10	0.66	0.16	4.20					
15-17	48.40~48.55		9.07	2.30	0.20	0.92	0.31	5.30	0.05	24.2	0.01	11.0	剪切流动破坏
15-16	48.20~48.40		9.51	2.30	0.30	1.16	0.44	4.70					
15-21	49.20~49.34		9.82	2.25	0.40	1.39	0.60	4.80					

表 3-13 灰质泥岩浸水后蠕变试验成果

试样编号	取样深度 (m)	岩石描述	含水率 (%)	密度 (g/cm³)	围压 σ₃ (MPa)	破坏应力 σc (MPa)	起始流变应力 σi (MPa)	黏滞系数 η×10¹² (Pa·s)	破坏强度参数 内聚力 C (MPa)	破坏强度参数 内摩擦角 φ (°)	长期强度参数 内聚力 C (MPa)	长期强度参数 内摩擦角 φ (°)	破坏描述
14-7a	27.75~28.00		浸水	2.05	0	0.06	0.02	0.11					
14-5	27.00~27.20		浸水	2.09	0.05	0.11	0.06	0.16					
14-7b	27.75~28.00	灰质泥岩劈理发育	浸水	2.05	0.075	0.15	0.09	0.15	0.01	14.0	0	5.5	剪切鼓胀流动破坏
14-6c	27.50~27.75		浸水	2.17	0.10	0.20	0.12	0.19					
14-6b	27.50~27.75		浸水	2.11	0.125	0.24	0.16	0.18					
14-3b	26.33~26.63		浸水	2.24	0	0.08	0.03	0.27					
14-3a	26.33~26.63	灰质泥岩劈理发育	浸水	2.40	0.10	0.39	0.16	0.78					
14-4	26.80~26.97		浸水	2.40	0.15	0.50	0.22	0.67	0.02	16.5	0	9.0	剪切鼓胀流动破坏
14-1	24.30~24.50		浸水	2.27	0.20	0.59	0.30	0.73					
14-2	26.20~26.33		浸水	2.23	0.25	0.68	0.37	0.62					

表 3-14　泥岩(砂质泥岩)蠕变试验成果

试样编号	取样深度 (m)	岩石描述	含水率 (%)	密度 (g/cm³)	围压 σ_3 (MPa)	破坏应力 σ_c (MPa)	起始流变应力 σ_i (MPa)	黏滞系数 $\eta\times10^{12}$ (Pa·s)	破坏强度参数 内聚力 C (MPa)	破坏强度参数 内摩擦角 φ (°)	长期强度参数 内聚力 C (MPa)	长期强度参数 内摩擦角 φ (°)	破坏描述
14-19	35.63~35.76		7.40	2.40	0	0.55	0.14	5.24					
14-24	37.90~38.12	砂质泥岩有少量劈理	9.37	2.33	0.05	1.00	0.22	9.50					剪切流动破坏
14-26	40.00~40.23		9.36	2.33	0.10	1.14	0.31	9.30	0.05	26.0	0.03	17.5	
14-20	35.90~36.08		8.56	2.32	0.15	1.25	0.42	9.00					
14-28	44.72~44.90		9.26	2.43	0.20	1.42	0.50	11.0					
14-14	33.80~33.97	砂质泥岩非贯穿性裂隙较多	浸水	2.38	0	0.09	0.04	0.46					沿节理面剪切流动
14-18	35.50~35.63		浸水	2.40	0.05	0.31	0.18	0.75					
14-16b	34.40~34.70		浸水	2.34	0.10	0.43	0.25	0.82	0.02	18.0	0.01	8.50	鼓胀
14-15	33.97~34.10		浸水	2.39	0.15	0.52	0.31	0.91					
14-16a	34.40~34.70		浸水	2.39	0.20	0.64	0.39	1.00					沿节理面剪切流动

表 3-15　灰质泥岩蠕变试验成果

试样编号	取样深度 (m)	岩石描述	含水率 (%)	密度 (g/cm³)	围压 σ_3 (MPa)	破坏应力 σ_c (MPa)	起始流变应力 σ_i (MPa)	黏滞系数 $\eta \times 10^{12}$ (Pa·s)	破坏强度参数 内聚力 C (MPa)	破坏强度参数 内摩擦角 φ (°)	长期强度参数 内聚力 C (MPa)	长期强度参数 内摩擦角 φ (°)	破坏描述
23-33a	26.75~27.10		10.33	2.28	0	0.15	0.05	0.49					
29-1b	7.50~7.75	炭质泥岩劈理发育	11.32	2.21	0.10	0.26	0.13	0.61					
23-33c	26.75~27.10		10.55	2.28	0.20	0.44	0.27	0.91	0.02	13.0	0	7.0	剪切流动破坏
23-33b	26.75~27.10		10.40	2.29	0.30	0.60	0.39	1.04					
29-1a	7.50~7.75		11.37	2.30	0.40	0.75	0.52	1.19					
23-50	34.20~34.35		浸水	2.15	0.05	0.20	0.10	0.27					
23-48	33.70~33.85	炭质泥岩页理呈小碎纸片状劈理化明显	浸水	2.14	0.10	0.26	0.16	0.29	0.01	7.8	0	4.5	剪切鼓胀流动破坏
23-49	34.07~34.20		浸水	2.22	0.15	0.33	0.22	0.33					
23-47	33.55~33.70		浸水	2.22	0.20	0.40	0.28	0.32					

表3-16　泥灰岩、杂色泥岩蠕变试验成果

试样编号	取样深度 (m)	岩石描述	含水率 (%)	密度 (g/cm³)	围压 σ_3 (MPa)	破坏应力 σ_c (MPa)	起始流变应力 σ_i (MPa)	黏滞系数 $\eta \times 10^{12}$ (Pa·s)	破坏强度参数 内聚力 C (MPa)	破坏强度参数 内摩擦角 φ (°)	长期强度参数 内聚力 C (MPa)	长期强度参数 内摩擦角 φ (°)	破坏描述
22-11	37.75~38.10	泥灰岩薄层状	浸水	2.24	0	0.38	0.18	2.75					
22-22b	42.80~43.08		浸水	2.32	0.20	0.52	0.31	3.85					
22-22a	42.08~43.08		浸水	2.27	0.40	1.08	0.60	6.18	0.04	25.0	0.01	9.5	沿结构面剪切流动破坏
22-10b	37.50~37.75		浸水	2.28	0.60	1.54	0.90	7.44					
22-10a	37.50~37.75		浸水	2.22	0.80	2.09	1.20	7.16					
1-15	0.40~0.60	杂色泥岩强风化、呈土状	浸水	2.10	0	0.12	0.03	0.41					
1-12	0.40~0.60		浸水	2.07	0.02	0.23	0.07	0.45					
1-13	0.40~0.60		浸水	2.08	0.04	0.26	0.10	0.53	0.03	11.4	0	7.5	剪切鼓胀流动破坏
1-14	0.40~0.60		浸水	2.09	0.06	0.29	0.12	0.62					
1-11	0.40~0.60		浸水	2.06	0.08	0.32	0.15	0.63					

表 3-17 泥岩在天然含水率下蠕变试验成果

试样编号	取样深度 (m)	岩石描述	含水率 (%)	密度 (g/cm³)	围压 σ_3 (MPa)	破坏应力 σ_c (MPa)	起始流变应力 σ_i (MPa)	黏滞系数 $\eta \times 10^{12}$ (Pa·s)	破坏强度参数 内聚力 C (MPa)	破坏强度参数 内摩擦角 φ (°)	长期强度参数 内聚力 C (MPa)	长期强度参数 内摩擦角 φ (°)	破坏描述
1-20	0.40~0.60	黄色泥岩、强风化、呈土状	浸水	2.01	0	0.09	0.02	0.31					
1-16	0.40~0.60		浸水	2.01	0.02	0.20	0.05	0.43					
1-19	0.40~0.60		浸水	1.99	0.04	0.23	0.08	0.42	0.02	8.5	0	5.5	剪切鼓胀流动破坏
1-17	0.40~0.60		浸水	2.04	0.06	0.25	0.10	0.45					
1-18	0.40~0.60		浸水	2.03	0.08	0.28	0.13	0.44					
1-21	0.40~0.60	黑色泥岩、强风化、呈土状	浸水	2.08	0.02	0.26	0.08	0.63					
1-23	0.40~0.60		浸水	2.06	0.04	0.29	0.11	0.69	0.03	11.5	0.01	7.5	剪切鼓胀流动破坏
1-24	0.40~0.60		浸水	2.05	0.06	0.32	0.14	0.73					
1-22	0.40~0.60		浸水	2.00	0.08	0.35	0.16	0.71					

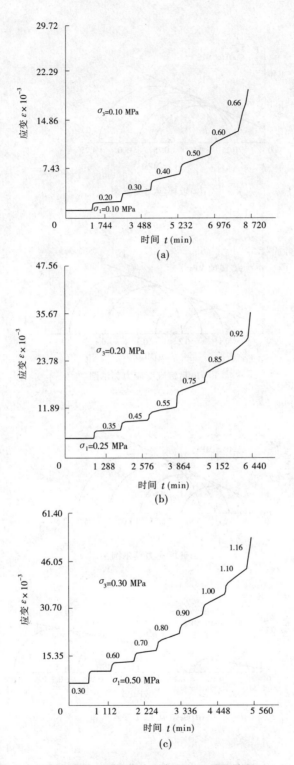

图 3-19 灰质泥岩三轴压应变过程曲线

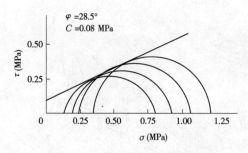

(a)破坏应力莫尔圆

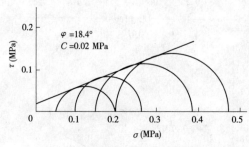

(b)起始流变应力莫尔圆

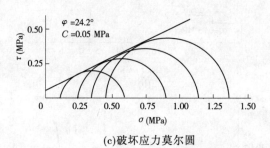

(c)破坏应力莫尔圆

(d)起始流变应力莫尔圆

图 3-20　灰质泥岩同一样品破坏应力和起始流变应力强度示意图

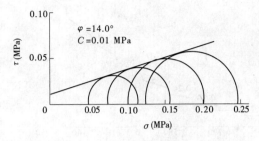

(e)破坏应力莫尔圆

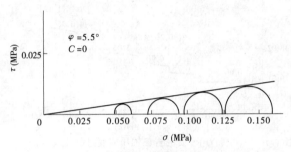

(f)起始流变应力莫尔圆

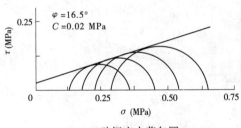

(g)破坏应力莫尔圆

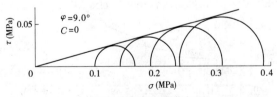

(h)起始流变应力莫尔圆

续图 3-20

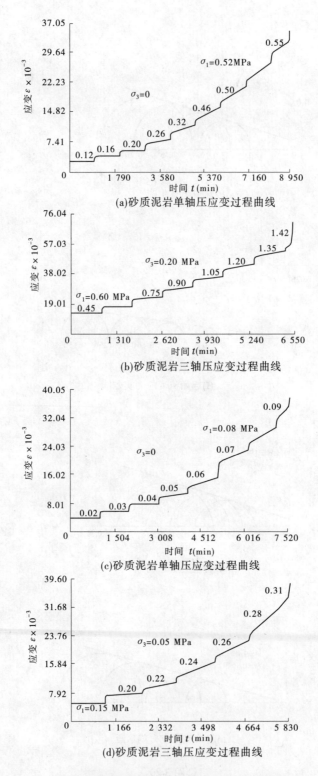

(a)砂质泥岩单轴压应变过程曲线

(b)砂质泥岩三轴压应变过程曲线

(c)砂质泥岩单轴压应变过程曲线

(d)砂质泥岩三轴压应变过程曲线

图 3-21　砂质泥岩单轴、三轴压应变过程曲线

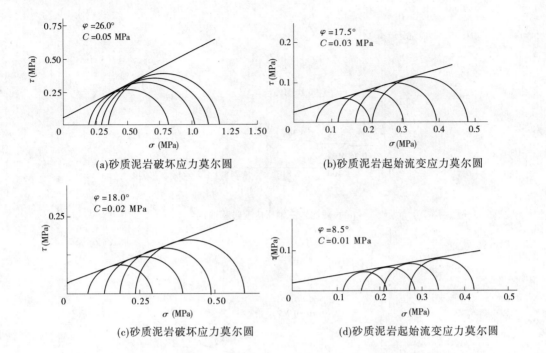

(a)砂质泥岩破坏应力莫尔圆

(b)砂质泥岩起始流变应力莫尔圆

(c)砂质泥岩破坏应力莫尔圆

(d)砂质泥岩起始流变应力莫尔圆

图 3-22　砂质泥岩破坏应力和起始流变应力莫尔圆示意图

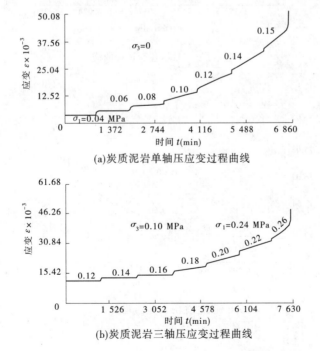

(a)炭质泥岩单轴压应变过程曲线

(b)炭质泥岩三轴压应变过程曲线

图 3-23　炭质泥岩单轴和三轴压应变过程曲线

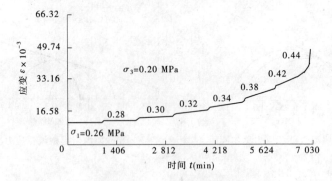

(c)炭质泥岩三轴压应变过程曲线

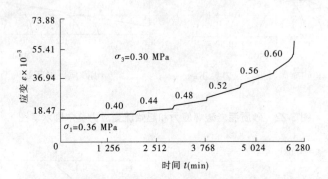

(d)炭质泥岩三轴压应变过程曲线

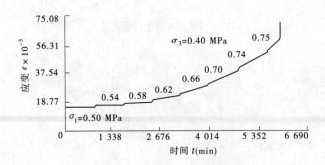

(e)炭质泥岩三轴压应变过程曲线

续图 3-23

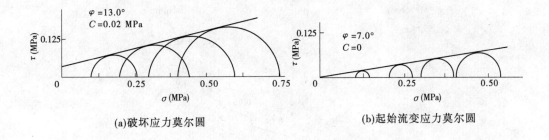

(a)破坏应力莫尔圆   (b)起始流变应力莫尔圆

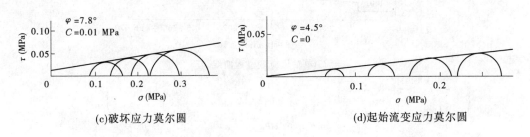

(c)破坏应力莫尔圆   (d)起始流变应力莫尔圆

图 3-24 炭质泥岩破坏应力和起始流变应力强度示意图

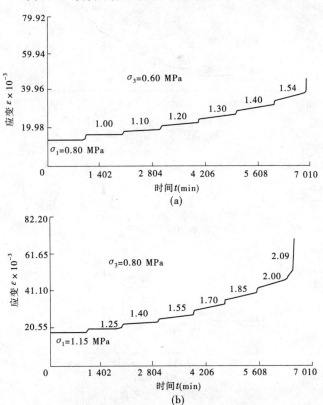

图 3-25 泥灰岩三轴压应变过程曲线

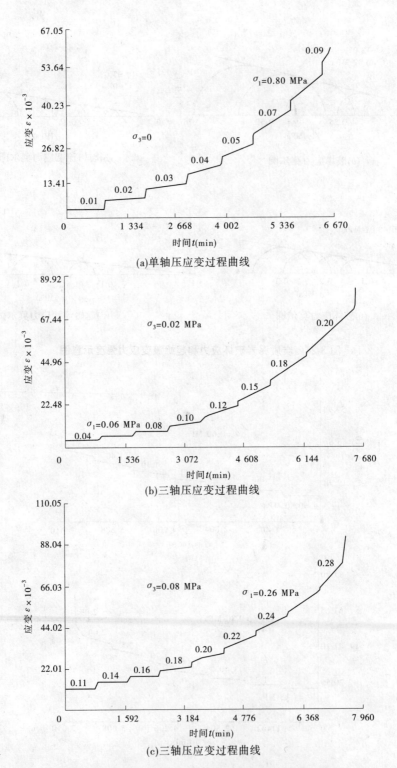

(a)单轴压应变过程曲线

(b)三轴压应变过程曲线

(c)三轴压应变过程曲线

图 3-26　杂色泥岩破坏应力和起始流变应力强度示意图

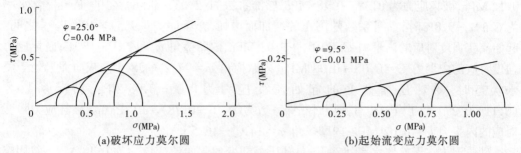

(a)破坏应力莫尔圆   (b)起始流变应力莫尔圆

图 3-27   薄层状泥灰岩三轴压应变过程曲线

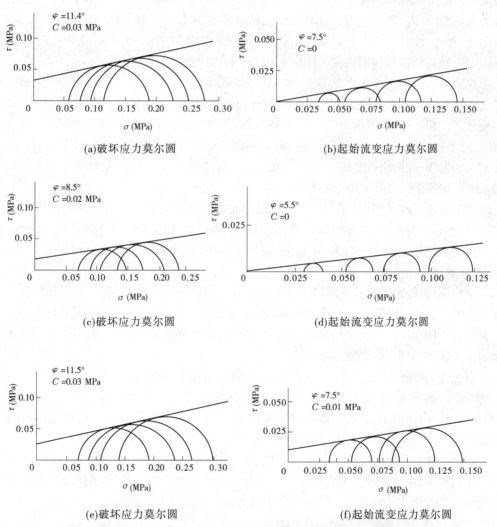

(a)破坏应力莫尔圆   (b)起始流变应力莫尔圆

(c)破坏应力莫尔圆   (d)起始流变应力莫尔圆

(e)破坏应力莫尔圆   (f)起始流变应力莫尔圆

图 3-28   杂色泥岩破坏应力和起始流变应力强度示意图

灰质泥岩含水率为 7.08%～12.28% 时,单轴压缩蠕变的起始流变应力为 0.01～0.12 MPa,破坏应力为 0.31～0.48 MPa、黏滞系数为 $(2.05～4.58)×10^{12}$ Pa·s。含水率为 6.5%～9.8% 时,黏滞系数随围压的增加而增加,介于 $(4.2～9.5)×10^{12}$ Pa·s 之间。起始流变强度对应的内聚力 $C=0.01～0.02$ MPa、内摩擦角 $\varphi=11.0°～18.4°$;破坏应力强度对应的内聚力 $C=0.05～0.08$ MPa、内摩擦角 $\varphi=24.2°～28.5°$。灰质泥岩处于浸水状态时,单轴压缩蠕变的起始流变应力为 0.06～0.08 MPa、黏滞系数为 $(0.11～0.27)×10^{12}$ Pa·s,有围压时黏滞系数为 $(0.16～0.78)×10^{12}$ Pa·s。破坏应力强度对应的内聚力 $C=0.02$ MPa、内摩擦角 $\varphi=14.0°～16.5°$。

砂质泥岩在天然含水率状态下,单轴压缩蠕变的起始流变应力为 0.14 MPa、破坏应力为 0.55 MPa、黏滞系数为 $5.24×10^{12}$ Pa·s。有围压时黏滞系数为 $(9.50～11.0)×10^{12}$ Pa·s。长期强度对应的内聚力 $C=0.03$ MPa、内摩擦角 $\varphi=17.5°$;破坏应力对应的内聚力 $C=0.05$ MPa、内摩擦角 $\varphi=26.0°$;在浸水状态时,砂质泥岩单轴压缩蠕变的起始流变应力为 0.04 MPa、破坏应力为 0.09 MPa、黏滞系数为 $4.60×10^{11}$ Pa·s。有围压时,黏滞系数 $(0.75～1.0)×10^{12}$ Pa·s。长期强度对应的内聚力 $C=0.01$ MPa、内摩擦角 $\varphi=8.5°$,破坏强度对应的内聚力 $C=0.02$ MPa、内摩擦角 $\varphi=18.0°$。

炭质泥岩在天然含水率状态下,单轴压缩蠕变的起始流变应力为 0.05 MPa、破坏应力为 0.15 MPa、黏滞系数为 $4.9×10^{11}$ Pa·s,有围压时黏滞系数为 $(0.61～1.19)×10^{12}$ Pa·s。长期强度对应的内聚力 $C=0$、内摩擦角 $\varphi=7.0°$;破坏强度对应的内聚力 $C=0.02$ MPa、内摩擦角 $\varphi=13.0°$。在浸水状态时,炭质泥岩在有围压状态下,黏滞系数为 $(2.7～3.3)×10^{11}$ Pa·s,长期强度对应的内聚力 $C=0$、内摩擦角 $\varphi=4.5°$,破坏强度对应的内聚力 $C=0.01$ MPa、内摩擦角 $\varphi=7.8°$。

泥灰岩在浸水状态下,单轴压缩蠕变的起始流变应力为 0.18 MPa、破坏应力为 0.38 MPa、黏滞系数为 $2.75×10^{12}$ Pa·s,有围压时,黏滞系数为 $(3.85～7.16)×10^{12}$ Pa·s。长期强度对应的内聚力 $C=0.01$ MPa、内摩擦角 $\varphi=9.5°$,破坏强度对应的内聚力 $C=0.03$ MPa、内摩擦角 $\varphi=25.0°$。

杂色泥岩在浸水状态下,单轴压缩蠕变的起始流变应力为 0.03 MPa、破坏应力为 0.12 MPa、黏滞系数为 $4.1×10^{11}$ Pa·s。围压为 0.02～0.08 MPa 时,黏滞系数为 $(4.5～6.3)×10^{11}$ Pa·s。长期强度对应的内聚力 $C=0$、内摩擦角 $\varphi=7.5°$,破坏强度对应的内聚力 $C=0.03$ MPa、内摩擦角 $\varphi=11.4°$。

黄色泥岩在浸水状态下,单轴压缩蠕变的起始流变应力为 0.02 MPa、破坏应力为 0.09 MPa、黏滞系数为 $3.1×10^{11}$ Pa·s。当围压为 0.02～0.08 MPa 时,黏滞系数为 $(4.2～4.5)×10^{11}$ Pa·s。长期强度对应的内聚力 $C=0$、内摩擦角 $\varphi=5.5°$,破坏强度对应的内聚力 $C=0.02$ MPa、内摩擦角 $\varphi=8.5°$。

黑色泥岩在浸水状态下三轴蠕变成果,在围压 0.02～0.08 MPa 时,黏滞系数为 $(6.3～7.1)×10^{11}$ Pa·s,长期强度对应的内聚力 $C=0.01$ MPa、内摩擦角 $\varphi=7.5°$,破坏强度对应的内聚力 $C=0.03$ MPa、内摩擦角 $\varphi=11.5°$。

上述软质岩的流变特性有如下特点:

(1)坝址软质岩具有明显的流变特性,其起始流变强度均很低。从理论上讲,起始流变强度与长期强度基本相等,从试验资料来看亦大体相等,差不多等于破坏强度的 1/2。

(2)坝基软质岩的黏滞系数相对较大,进一步证明了岩体软弱,只要稍加应力作用,即有较大的变形量。黏滞系数与岩石的质地、密度、含水率大小、围压大小等有着密切的关系,在分析评价岩体强度时,应结合这些因素和基础形式综合考虑。

(3)把极软质岩石的含水率基本保持在天然含水率状态,其流变强度受含水率的影响很大,随着含水率的增高,岩石的流变强度迅速降低,亦充分显示了破碎的软质岩对水的敏感性,在考虑坝基强度时含水率的变化亦是非常重要的因素。

3.3.6 关于力学参数取值原则

关于岩体力学参数取值,工程地质勘察规范有规定"……硬质岩体试件呈脆性破坏时,坝基抗剪强度取值:拱坝采用峰值强度的平均值作为标准值;重力坝采用概率分布的 0.2 分位值作为标准值,或采用峰值强度的小值平均值作为标准值,或采用优定斜率的下限作为标准值;抗剪强度应采用比例极限强度作为标准值。……当试件呈塑性破坏时,应采用屈服强度或流变强度作为标准值。"

是否根据上述原则取值就够了呢?我们认为还不行,这些原则虽能作为依据,但这是一个平均的概念,不能作为唯一的依据。还应针对不同的水工建筑物、不同的建筑场地,考虑、分析下列影响因素。

3.3.6.1 坝基岩体力学强度分析

坝基岩体是经受过变形、遭受过破坏的地质体,分析、研究这类地质体时,分析岩体物理力学数据的最基本依据是结构特征和结构类型,最后找出岩体结构力学效应的基本规律。如坝基岩体是在强大、持久压应力作用下破坏的,岩体在破坏过程中已有明显的流动变形、产生了大小不一的流动变形构造。无论是大小不等的扁豆体,还是页岩呈鳞片状的岩石碎块,其长轴延伸方向均与区域压应力方向垂直,亦即沿层理的走向延伸。有的地段层面或页理面已不清晰,但局部地段还能辨认出层面或页理面;在页理面不清晰地段的页岩,其在地下水的作用下,和泥岩无多大差异;而在页理面能辨认的地段,页理面泥质物相对较少,在不失水时,显示出一定的整体性。这就是坝基岩体构造破坏的基本规律,是我们分析岩体力学强度的最基础的资料。

3.3.6.2 试件破坏形式的分析

在室内三轴试验中,基本可规纳为三种破坏形式——剪切破坏、鼓胀破坏和剪切鼓胀破坏。剪切破坏形式,说明岩体沿某方向有软弱面,软弱面的力学强度很低,即使有一定的围压,试件在压应力作用下仍沿与压应力有一定交角的方向上剪切破坏。从鼓胀破坏形式分析,岩体破坏严重,原本各向异性的页岩岩体几乎近于各向同性,或各方向上的力学强度无大的差异。剪切鼓胀破坏形式,较好地反映了岩体结构的不均一性,一些地段表现出岩体强度相对较高,另一些地段则表现出岩体结构较均一,没有明显的软弱面,且岩体软弱。包括原位变形试验,岩体在破坏时亦有从一侧挤出的情况,这亦说明岩体结构的不均一性。

3.3.6.3 岩体破坏判据问题

通过以上分析,我们不能把各向同性平面二维的库仑—莫尔判据作为岩体破坏的判据。从这些资料不难看出,岩体破坏在很大程度上受控于岩体结构,同时亦受环境条件的影响——地下水环境和岩体的受力环境。这就要求我们不能把岩体力学试验成果当成是岩体力学性质,因为岩体本身不是连续介质,岩石试验有其一定的边界条件,岩体在附加荷载作用下总有变形,只是变形量大小不同而已,所以不能认为只要岩体不破坏,对建筑物稳定就没有影响。对于水工建筑物而言,要考虑地基岩体变形同样会引起建筑物变形或破坏,这就是我们对岩体破坏判据的认识。这对于分析、给出岩体力学参数或地质工程设计都是非常重要的。

3.3.6.4 岩体力学参数取值

通过对岩体结构特征、岩体试验试件破坏形式、岩体破坏判据等的勘察、分析和研究,我们基本以破坏强度、起始流变或长期强度为依据,考虑岩体结构类型的不同,分坝段给出岩体的力学参数,这是比较符合实际的。也就是说,岩体的结构强度是岩体力学参数取值的依据。在此基础上,很好分析建筑物类型及其对地基岩体的要求、建筑物运行后因地基可能引发的环境地质问题。

3.4　坝基岩体结构特征

坝基地貌形态和地层分布情况见坝轴线地质剖面图(见图 3-29)。

前面已经描述过,坝址处于复式倒转向斜的正常翼,所以岩层总体产状相对较平缓,总体倾向右岸,河床为走向谷。

坝基地层岩性以石炭系泥、页岩为主,夹有砂岩、灰岩等硬质岩,局部夹有煤线和薄层状或脉状石膏。由于强烈构造变动,岩体遭受强烈的破坏,在持久强大压力作用下,不同类型的固态流动变形构造异常发育,小型褶曲、小型揉皱比比皆是;灰岩和砂岩夹层形成了大小不一的透镜体,透镜体内发育了剪、张不同方向的裂隙,将透镜体切割成碎块状,碎块周边包裹有厚度不一的泥膜;页岩则沿页理方向或与之小角度相切方向发育了密集的流劈理,将页岩切割成鳞片状,鳞片周围包裹泥膜,由于风化、卸荷和地下水的作用,泥膜的厚度增大,有的打开后看不到页岩的性状。右岸砂岩夹页岩,砂岩成碎块状,且有架空结构,其空隙中充填有铁明矾。

上述是坝基岩体的组成和结构特征,控制其强度的充填泥质物的密集的微结构面致使岩体质地软弱、强度很低,故将其称为"构造型极软岩"。

在电镜下观测到的微结构,与肉眼观察到的宏观结构基本是一致的,在泥质岩内,亦可观测到微细裂隙、微细层纹、孔洞、微细揉皱、微细张裂隙、藕节状微褶层、细小透镜体及裂隙内充填铁锰质物的情况。

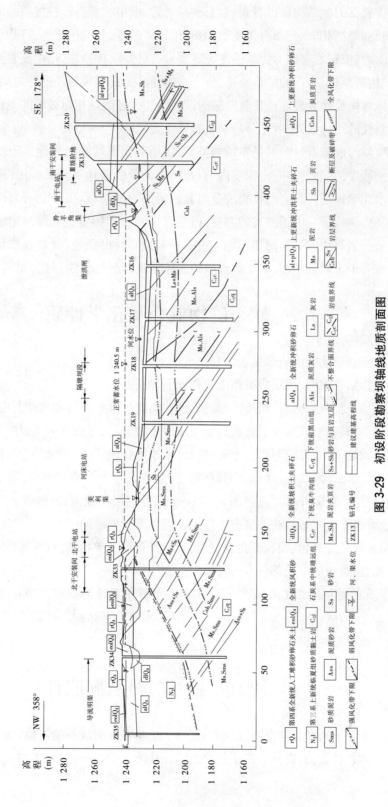

图 3-29 初设阶段勘察坝轴线地质剖面图

由上述岩石的微结构可以看到,岩石破碎之后,细小的岩石颗粒按照一定的微结构形态排列,细小颗粒周围亦分布有泥质物,但对于岩体而言,弱面还应是页理面或层面,这些泥质物厚度大,控制着岩体的力学强度。这类岩石(体)结构特征,是中硬岩经构造破碎后而形成的"构造型极软岩"的结构特征,较小型的样品尤其表现为几近各向同性,较大样品或岩石块体各向异性表现还是比较明显的,厚度较大、延展性相对较好的泥化带就成为岩体强度控制性的结构面,亦就是分析坝基岩体强度时的基本资料。

构造变动形成岩石(体)的基本结构类型,后期河床下切卸荷风化作用使其破裂结构面又有不同程度的张开,在一定深度内,岩石(体)又遭受着地下水的作用(浸泡软化和不同程度的水化学作用),页岩的矿物成分向着泥岩的方向转化,破碎的页岩岩体亦近泥岩岩体结构和力学特征。为了叙述的方便,还是根据岩石矿物鉴定成果来定名,这种定名,可能对于某些岩石块体不够确切。为了进一步有针对性的研究(针对建筑物类型),将坝基岩体分成若干工程地质段,各工程地段的岩体地质特征见表3-18。

3.5　软岩矿物成分及化学性质

岩矿鉴定和矿化分析成果见表3-19～表3-22。

电镜分析结果表明,泥质岩类微结构有如下特征:

(1)杂色泥岩、灰质泥岩、炭质页岩的黏土矿物成分以水云母和高岭石为主,在挤压构造应力作用下,其一形成黏土矿物叠片状组成的劈理,其二形成许多微裂隙。在劈理相对欠发育的泥质岩类中,高岭石质黏土矿物团块组成块状泥岩,它主要的力学作用结果是产生微裂隙。而水云母、高岭石组成的劈理发育、非常发育的泥质岩类中,黏土矿物挤压在劈理中成叠片状结构,并可见劈理面上有3～4组可记忆性擦痕,反映该套岩体经历了多期构造运动,这是泥质岩类在构造应力作用下塑性流动变形的结果。

(2)泥页岩具有钙化、蒙脱石化现象,具有绿泥石黏土矿物;岩石中微裂隙、微孔发育,揉皱现象明显,微裂隙中局部具有铁锰质浸染。

(3)泥质岩类含有团粒状、菱形、三角形的黄铁矿属原生黄铁矿,它们在地下水的作用下转化为SO_4^{2-}、针铁矿,而SO_4^{2-}与Ca^{2+}结合,形成硬石膏晶粒,充填于裂隙与层间,在有的劈理面上也可见硬石膏。

3.6　泥、页岩的崩解性、膨胀性

由岩石矿物分析和化学分析成果来看,黏土矿物中含有较多的不稳定矿物,所以在研究黏性土水理特性之前,首先研究了其普通物理性质,试验成果见表3-23。

表 3-18　主坝坝基工程地质分段说明

序号	桩号	位置	工程部位	地面高程(m)/覆盖层厚度(m)/基岩面高程(m)	全风化下限(m)/强风化下限(m)/弱风化下限(m)	地质特征
1	0~134	左岸	北干安装间	1 239.3~1 242.0 / 7.8~11.5 / 1 228.9~1 234.5	1 198.9~1 232.75 / 1 183.8~1 211 / 1 171~1 197	覆盖层为风积砂、人工堆积砂砾石和土，冲积砂砾石。基岩为 N_1 和 C_1q地层。N_1岩性以砂黏土岩为主，棕红、棕黄色，局部夹砾岩，底部夹杂色砾岩，泥质粉砂岩、砂岩等，并含少量石膏。C_1q 以泥岩为主。泥岩呈紫红、灰黄色泥质充填，呈不规则或网状结构，粉砂质灰黄色，砂岩呈灰黄、紫红色。岩体裂隙发育，大多有泥质充填，铅直厚度 0.2~3.4 m，局部 9.25 m，局部厚度 0.2~3.5 m。遇水易软化至粗粒结构，铅直厚度 0.2~3.5 m，呈透镜状展布。泥质粉砂岩至粗粒结构，铅直厚度 0.2~3.5 m，呈透镜状展布。紫白色、灰白色，粉细粒至粗粒结构，铅直厚度 0.2~3.5 m，呈透镜状展布。硬岩分布占 16%，呈透镜状展布。岩层产状变化较大
2	134~220	美利渠两侧	北干电站、河床电站	1 229.1~1 241.5 / 0~12 / 1 226.5~1 233.0	/ 1 211~1 223 / 1 197~1 208	覆盖层为人工堆积砂砾石夹土，冲积砂砾石。基岩为 C_1q 地层。岩性为泥岩夹砂质泥岩、泥质灰岩、含少量石膏。岩性。泥质灰岩、砂岩等，局部呈杂色，泥质结构，薄层状构造。遇水易软化，且具膨胀性。失水干裂，干裂呈鳞片状剥落。砂岩、泥质灰岩、泥质粉砂岩、砂岩厚度 0.1~0.5 m，局部 1.8 m，占 8%~14%。灰岩、泥质粉砂、砂岩厚度 0.1~1.8 m，最厚 3.65 m，含量 12%。硬岩分布不稳定，呈透镜状展布
3	220~299	河床中心线北侧	河床电站、排水泵房、泄洪闸	1 226.5~1 229.1 / 1.2~2.0 / 1 224.0~1 226.5	1 216.46~1 219.09 / / 1 203.86~1 206.19	覆盖层为冲积砂砾石。基岩为 C_1c 和 C_1q 地层。C_1q 以泥岩为主，夹泥质灰岩和砂质泥岩，局部夹少量灰岩和砂泥岩，含少量石膏。局部见炭质页岩和厚 0.1~0.2 m 煤层，大多含灰质。泥岩呈灰黑色，约占 10%。灰岩、砂岩厚度 0.05~0.4 m，局部 0.95 m。C_1c 底部为一层灰岩，砂岩厚度 0.7~1.8 m，灰岩、砂岩强度较高，多呈断序过程中，形成小褶曲状态中。砂岩、泥岩较软弱，遇水易软化且具膨胀性。构造变动过程中，多呈断序过程中，形成小褶曲或揉皱等小构造，岩层产状变化较小

序号	桩号	位置	工程部位	地面高程(m)／覆盖层厚度(m)／基岩面高程(m)	全风化下限(m)／强风化下限(m)／弱风化下限(m)	地 质 特 征
4	299～332	河床中心线南侧	泄洪闸	1 225.5～1 226.5／2.5～3／1 222.5～1 224.0	1 215.25／1 203.85	覆盖层为冲积砂砾石。基岩为 C_1c 中部地层,岩性为泥岩与灰岩互层,局部夹泥质砂岩透镜体,灰岩呈坚硬,致密坚硬,层厚 0.4～2.9 m,约占 33%,局部裂隙中充填方解石脉。泥质灰岩呈深灰色,钻直厚度 0.25～1.05 m,约占 6%。泥质灰岩分布不稳定,呈断续透镜状,具膨胀性。泥岩呈灰黑色,大多含灰质。泥质结构,不规则鳞片状构造,含化石
5	332～375.5	河床右侧	泄洪闸	1 225.5～1 229.5／2～3.4／1 221.6～1 229.0	1 216～1 220／1 203～1 205	覆盖层为冲积砂砾石。基岩为 C_1c 上部炭质页岩,灰黑至黑色,页理明显,局部揉皱发育,失水后剥落呈鳞片状碎屑,手摸有滑感,部分段夹有煤层(或煤线)。泥岩和泥质灰岩,在剖面上呈不规则条带状展布。富含化石,并含少量石膏
6	375.5～401	角渠两侧	泄洪闸、南干电站	1 229.5～1 240.5／0～1／1 229.5～1 240.5	1 220～1 225／1 205～1 207	角渠两侧分布人工堆积和洪积坡积碎石土。基岩为 C_2j 砂岩夹泥页岩。砂岩呈浅灰至深灰色,多为中细粒结构,中厚层状,岩层产状 NE60～70°,SE<31～39°。该组底部为一厚约 8.5 m 含砾粗砂岩,含砾石约占 20%。顺层小角度切层小断层发育,并可见密集劈理
7	401～490	右岸	南干电站、南干安装间、工程边坡	1 240.5～1 279.2／0～34／1 240.5～1 249.58	1 225～1 235.76／1 207～1 211.76	覆盖层为冲积砂砾石和冲积坡积土夹碎石。砂砾石厚 2.9～4.5 m,中下部泥钙质胶结良好。黄河Ⅲ级阶地阶面高程 1 249.06～1 249.58 m,基座高程 1 244.48～1 243.86 m,基岩为 C_2j 泥岩夹页岩,局部夹石膏。泥岩含少量石膏,局部夹石膏薄层。粉砂岩,含石膏,页岩夹灰黑色,泥岩含灰质,砂岩呈灰,深灰色,页岩夹细粒结构,多为粉细粒结构

表 3-19 岩石薄片鉴定成果

序号	岩石名称	描　述
1	砂质黏土岩	粉砂泥质结构，黏土矿物粒度一般小于 0.004 mm，重结晶作用弱，高倍显微镜下能辨认水云母外，其他黏土矿物难准确鉴定，推断尚有蒙脱石、伊利石等。粉砂屑的成分主要是石英，粒度一般都小于 0.1 mm，少量在 0.2 mm，个别达 0.5 mm，其间的碳酸盐矿物主要是方解石，微细粒状，均匀分布。岩石呈固态，无页理，遇水轻微崩解。黏土矿物含量约占 60%，粉砂屑约占 25%，碳酸盐矿物约占 10%，含少量铁质物和炭质物
2	泥岩	泥质结构，片理化构造，黏土矿物在高倍显微镜下见水云母黏土，呈细小鳞片状，具定向排列，其他黏土矿难以准确辨认，将炭质物除去后用油浸法观察推断为水云母、蒙脱石、粉砂屑的成分主要是石英，少量长石，粒度一般小于 0.05 mm，少数 0.1 mm，多分散在黏土中，但也见细条纹集中出现。炭质物易污手，微细黄铁矿均匀集中岩石中。岩石已固结，挤压片理化构造明显，遇水易崩解。450 ℃焙烧 2 h 后岩石褐色明显变成褐红色。黏土矿物含量约占 60%，炭质物含量约占 15%～20%，粉砂屑占 5%～10%，含少量碳酸盐矿物和黄铁矿等
3	灰质泥岩	泥质结构，片理化构造，黏土矿物粒度一般小于 0.004 mm，重结晶作用弱，高倍显微镜下见水云母，将炭质物除去后，对其粉末采用油浸法鉴定，除水云母外，推断尚有绿泥石、蒙脱石等。粉砂屑为石英、长石，粒度一般小于 0.01 mm，少量在 0.02～0.03 mm。碳酸盐矿物主要是方解石，微细晶粒分布在黏土和炭质物中，一些碳酸盐呈不规则细脉则细脉分布。岩石固结，但固结程度低，具挤压片理化构造，遇水崩解。450 ℃焙烧后明显褐色。黏土矿物含量约占 60%，炭质物约占 15%～20%，碳酸盐约占 5%，含少量铁质物
4	杂色泥岩	泥质结构，矿物成分约 95% 都为黏土矿物，颜色有较大差异，有紫红、褐红和黄色等。粒度一般小于 0.04 mm，高倍显微镜下呈现微隐晶—微晶质，重结晶作用弱，据其光性推断为水云母、绿泥石、蒙脱石、绿泥石等。氧化铁质物较多，沿裂隙分布或将黏土染色而成褐红色斑点。石英细粉砂少量。岩石基本未固结或弱固结成团。遇水崩解
5	炭质页岩	薄片上 50%～90% 为不透明，矿物成分一般小于 0.004 mm，无明显重结晶作用，高倍显微镜下呈现微晶—隐晶质，通过对局部厚度正常部位观察和除去炭质后对其粉末采用油浸法鉴定——隐晶质，除水云母外，推断尚有绿泥石等黏土矿物。450 ℃焙烧后明显褐色，并由黑变成褐红色，反映出炭质物存在，岩石呈现固结或弱固结，粉砂屑约占 30%～40%，炭质物约占 55%，黏土矿物含量约 10%，含少量碳酸盐

表 3-20　岩石黏土矿物分析成果

取样位置	岩石名称	X 射线衍射结果	差热分析结果	综合鉴定结果	蒙脱石(%)	伊利石(%)	CaCO$_3$(%)	有机质(%)	试样组数
美利渠旁	杂色泥岩	K,IL,CH/S,Q IL,K,CH/S(G,Q)	K,IL,CH/S(少量 O) IL,K,CH/S(少量 G)	K,IL,CH/S,Q(少量 O) IL,K,CH/S(少量 G,Q)	7.39~8.53 / 7.96	13.11~23.81 / 18.46	1.92~9.36 / 5.64		2
	灰质泥岩	IL,K,CH/S,Q	IL,K,CH/S(少量 Q)	IL,K,CH/S,Q(少量 O)	7.15	14.08	13.03		1
钻孔内	杂色泥岩	K,IL,CH,G,Q	IL,K,CH/S(G,Q)	IL,K,CH/S(G,Q,O)	8.36	25.60	1.65		1
	灰质泥岩	K,IL,CH/S,Q IL,K,CH/S IL,K,CH/S,Q	IL,K,CH/S,PY IL,K,O IL,K,CH/S(PY)	K,IL,CH/S,Q(PY) IL,K,CH/S,O IL,K,CH/S,Q(PY)	5~12.43 / 8.67	21.65~28.93 / 24.98	11.4~24.73 / 18.06	3.74	5
	砂质泥岩	IL,K,CH/S,Q IL,K,Q,CH/S IL,K,CH/S	IL,K,CH/S(PY)	IL,K,CH/S(Q,PY) IL,K,CH/S(PY) IL,K,CH/S,Q,PY	5.58~8.1 / 6.79	22.76~28.29 / 26.65	11.27~27.23 / 19.18		4
	炭质页岩	K,IL(少量 CH/S,Q) K,IL,CH/S(Q)	K,IL,CH/S(少量 PY) K,IL,CH/S(PY)	K,IL(少量 CH/S,Q,PY) IL,K,CH/S,Q,PY	7.00	21.24	11.48		2

注：①K 为高岭石，IL 为伊利石，PY 为黄铁矿，Q 为石英，G 为针铁矿，CH/S 为绿泥石，O 为有机物；

②分析样品系<0.002 mm 的提纯样，X 射线衍射分样前经甘油浸处理；

③灰质泥岩有机质含量测试了 3 组，其他岩性未进行该项测试。

76

表 3-21 岩石化学分析成果

%

岩性	SiO₂	Al₂O₃	TiO₂	Fe₂O₃	FeO	CaO	MgO	K₂O	Na₂O	P₂O₅	MnO	H₂O	烧失量	差热分析成果
泥岩	47.86	17.72	0.92	2.29	8.04	1.76	1.94	1.88	0.33	0.10	0.22	5.46	15.68	IL,K,O,M,PY
灰质泥岩	43.49	19.76	0.89	1.60	6.34	5.21	3.38	2.58	0.28	0.06	0.11	6.22	15.46	CO,IL,M,O
杂色泥岩	54.69	24.78	1.38	5.27	0.56	0.27	1.34	2.33	0.30	0.09	0.02	8.44	8.63	IL,K,PY
炭质页岩	37.42	21.76	0.89	2.76	2.40	0.70	1.22	1.62	0.24	0.26	0.04	7.33	28.66	K,O,PY
黏土岩	57.96	10.90	0.64	1.50	1.21	7.80	3.83	2.40	1.30	0.10	0.08	23.28	10.36	CO,IL,M,Q

注:M 为蒙脱石,CO 为碳酸盐,其他同表 3-20。

表 3-22 岩石易溶盐化学分析成果

mg/100g

取样位置	岩石名称	pH 值	含盐量	Ca²⁺	Mg²⁺	Na⁺	K⁺	HCO₃⁻	SO₄²⁻	Cl⁻	化学类型	试样组数
美利煤矿	杂色泥岩	6.70~7.00 / 6.85	88.37~122.34 / 105.36		6.06~7.79 / 6.92	13.58~18.92 / 16.25	2.08~2.32 / 2.20	58.28~86.34 / 72.31		6.92~8.37 / 7.67	HCO₃⁻—Na⁺、Mg²⁺	2
	灰质泥岩	6.50	401.57		36.61	64.54	7.72	60.44	216.92	15.34	SO₄²⁻—Mg²⁺、Na⁺	1
	杂色泥岩	7.20	190.77		11.26	60.83	4.57	32.38	1.54	80.21	Cl⁻—Na⁺、Mg²⁺	1
钻孔内	灰质泥岩	6.70~7.00 / 6.85	385.69~414.77 / 400.23		4.33~5.20 / 4.76	99.41~107.63 / 103.52	12.62~17.93 / 15.28	86.34~112.28 / 99.31	160.05~168.17 / 164.11	12.55~13.95 / 13.25	SO₄²⁻,HCO₃⁻—Na⁺	2
	砂质泥岩	6.40~7.20 / 6.88	239.26~382.21 / 321.27		2.60~6.75 / 4.72	60.83~102.78 / 81.61	9.38~13.95 / 11.04	75.55~103.61 / 87.43	65.80~165.73 / 127.76	6.79~13.95 / 8.72	SO₄²⁻,HCO₃⁻—Na⁺	4
	炭质页岩	6.70	287.05~373.46 / 330.26	0~24.29 / 12.14		62.32~105.34 / 83.83	11.87~15.94 / 13.90	71.23	107.02~164.92 / 135.97	2.79~15.34 / 9.06	SO₄²⁻—Na⁺、Ca²⁺ / SO₄²⁻—Na⁺	2

表3-23　岩石物理性质测试成果

取样位置	岩石名称	含水率(%)	密度(g/cm³)	干密度(g/cm³)	比重	饱和度(%)	孔隙比	自由膨胀率(%)	饱和吸水率(%)	崩解	液限(%)	塑限(%)	塑性指数	液性指数	表面积(m²/g)	试样组数
美利渠旁	杂色泥岩	19.67~25.69/22.68	2.11~2.12/2.12	1.68~1.77/1.72	2.74~2.75/2.74	98.35~99.14/98.74	0.55~0.71/0.63	45~48/46	37.76~46.65/42.20	泥化	37.49~43.51/40.50	18.35~22.06/20.20	19.14~21.45/20.30	0.069~0.169/0.119	126.50~127.88/127.19	2
	灰质泥岩	17.85	2.13	1.81	2.77	93.29	0.53	45	38.03	碎屑泥	37.94	19.19	18.75	−0.071	125.37	1
	杂色泥岩	18.02	2.16	1.83	2.77	97.87	0.51	52	35.88	碎屑泥	42.43	20.56	21.87	−0.116	122.98	1
钻孔内	灰质泥岩	8.00~8.40/8.20	2.18~2.27/2.22	2.01~2.10/2.06	2.74~2.77/2.76	63.93~69.25/66.59	0.32~0.36/0.34	57~58/58	23.47~36.37/29.16	泥化/碎块泥	28.23~32.38/30.30	17.07~17.51/17.29	10.72~15.31/13.02	−0.592~−0.85/−0.720	102.60~145.69/116.32	2
	砂质泥岩	2.64~3.53/3.16	2.38~2.44/2.40	2.30~2.37/2.34	2.74~2.75/2.74	40.48~93.60/46.98	0.16~0.20/0.18	35~60/47	13.01~31.47/24.59	碎块泥	21.11~30.12/24.22	14.06~18.84/16.27	4.79~11.28/7.82	−1.320~−3.029/−1.818	80.31~128.43/104.77	4
	炭质页岩	6.17~9.13/7.65	2.33~2.37/2.35	2.17~2.19/2.18	2.75	65.26~92.99/79.12	0.26~0.27/0.26	32~40/36	21.08~32.34/26.71	碎屑泥/泥化	26.33~28.53/27.43	16.89~17.39/17.14	9.44~11.14/10.29	−0.724~−1.136/−0.939	99.80~113.95/106.87	2
	砂岩		2.41~2.60/2.50		2.77		0.06~0.15/0.10		1.04~2.76/1.90	不破坏						2
	灰岩		2.71		2.77		0.01		0.61	不破坏						1

3.6.1 泥、页岩的崩解性

泥、页岩亲水性强,失水易干裂,浸水易崩解。采用边长为 5 cm 立方体岩样,干燥失水后放于水中,其崩解破坏现象明显,崩解物呈泥状、碎屑泥状、碎块泥状。全崩解时间最短为十几分钟。炭质页岩和杂色泥岩,平均崩解时间分别为 3.2 h 和 4.3 h;灰质泥岩崩解时间稍长,平均崩解时间为 26~27 h。崩解多沿原有结构面产生,同一种岩性随风化程度减弱,崩解时间有逐渐增长趋势。

3.6.2 泥、页岩的膨胀性

泥、页岩中蒙脱石含量平均 6.79%~8.7%,同一种岩性中蒙脱石含量不尽相同,如灰质泥岩蒙脱石含量 5%~12.43%,相差 1 倍以上。为研究该岩体的膨胀性,相继开展了如下试验。

3.6.2.1 测试岩块干燥饱和吸水率,判别岩石的膨胀势

测试结果如下:杂色泥岩干燥饱和吸水率为 35.88%~46.65%,属于弱膨胀性岩石;灰质泥岩、炭质页岩饱和吸水率相对较低,为 21.08%~36.37%,也属于弱膨胀性岩石,但其膨胀势小于前者。

3.6.2.2 膨胀力试验

采用平衡法测试岩样的膨胀力,试验过程中保持其体积不变,试验结果见表 3-24。

泥岩膨胀力为 21.2~966 kPa,平均 264.8 kPa;杂色泥岩膨胀力为 237.8~580.2 kPa,平均 438.3 kPa;灰质泥岩膨胀力为 5.2~1 786.2 kPa,平均 410.3 kPa。

同一种岩性膨胀力大小差异较大,除与物质组成(如蒙脱石含量等)有关外,还与试验前含水率和孔隙比密切相关,如图 3-30、图 3-31 所示。

试验前含水率 5%~8%,其膨胀力较大,含水率超过 8% 后明显减小,超过 10% 后,接近天然含水率时膨胀力则很小。试验前密度越大、孔隙比越小者,其膨胀力越大。

3.6.2.3 无荷膨胀率试验

样品在采集、加工过程中已失去部分水分,采用有侧限无荷载膨胀率试验,结果如下:泥岩无荷膨胀率为 0.4%~26.2%,平均 10.6%;杂色泥岩膨胀率为 8.2%~12.3%,平均 10.5%;灰质泥岩膨胀率为 0.1%~15.6%,平均 7.3%。同一种岩性膨胀率大小差异较大,除与物质组成有关外,还与试验前含水率、孔隙比和试验后饱和度密切相关。试验前含水率较低、孔隙比小者,膨胀率较大。不难看出膨胀率与膨胀力试验反映出同样的规律,如图 3-32 所示。

3.6.2.4 自由膨胀率试验

采用土工方法测定泥页岩在无结构情况下的自由膨胀率。先将岩石碾碎,然后放入量筒中加水测其体积变化,用于测试软岩组成物质膨胀潜势,结果为泥质岩类自由膨胀率 32%~60%,具有弱膨胀性。

综上所述,坝址软岩在不扰动、不失水、不浸水,保持其天然状态下,不会产生膨胀变形。反之,在经受扰动,尤其是干湿交替状态下,膨胀变形会较为明显。

表3-24 岩石膨胀试验成果

土样编号	岩性	比重	膨胀力								无荷膨胀率										
			试前					试后			试前					试后					
			含水率(%)	湿密度(g/cm³)	干密度(g/cm³)	孔隙比	饱和度(%)	含水量(%)	湿密度(g/cm³)	膨胀力(kPa)	含水率(%)	湿密度(g/cm³)	干密度(g/cm³)	孔隙比	饱和度(%)	含水量(%)	湿密度(g/cm³)	干密度(g/cm³)	孔隙比	饱和度(%)	膨胀率(%)
ZK18-9	灰质泥岩	2.79	10.2	1.96	1.78	0.567	50	16.2	2.07	15.2	10.7	1.75	1.58	0.766	39	19.3	1.87	1.57	0.777	69	0.7
ZK18-18	灰质泥岩	2.81	9.7	1.97	1.80	0.561	49	17.0	2.10	5.2	11.7	1.89	1.69	0.663	50	18.6	1.99	1.67	0.683	77	1.0
ZK18-21	灰质泥岩	2.77	4.9	2.29	2.18	0.271	50	9.2	2.38	182.8	5.1	2.28	2.17	0.276	51	12.8	2.29	2.03	0.365	97	6.9
ZK39-2	灰质泥岩	2.71	6.1	2.31	2.18	0.243	68	10.9	2.42	1786.2	5.9	2.29	2.16	0.255	63	18.2	2.21	1.87	0.449	100	15.6
ZK39-3	灰质泥岩	2.75	5.0	2.24	2.13	0.291	47	11.4	2.37	520.8	5.6	2.20	2.09	0.316	49	15.8	2.21	1.90	0.447	97	9.6
ZK39-5	灰质泥岩	2.76	5.4	2.22	2.10	0.314	47	12.0	2.36	644.0	5.7	2.24	2.12	0.302	52	18.7	2.19	1.84	0.500	100	15.0
ZK44-3	灰质泥岩	2.70	8.5	2.23	2.05	0.317	72	14.0	2.34	121.1	7.7	2.23	2.07	0.304	68	16.3	2.20	1.89	0.429	100	9.7
ZK44-6	灰质泥岩	2.84	9.5	2.22	2.03	0.399	68	11.8	2.27	7.0	12.3	2.12	1.89	0.505	69	15.5	2.18	1.89	0.506	87	0.1
合计	组数	8	8	8	8	8	8	8	8	8	8	8	8	8	8	8	8	8	8	8	8
	平均值	2.77	7.4	2.18	2.03	0.370	56	12.8	2.29	410.3	8.09	2.13	1.97	0.423	55	16.9	2.14	1.83	0.520	91	7.3
TZK33-10	灰褐色泥岩	2.75	7.0	2.18	2.03	0.355	54	13.4	2.31	387.2	6.1	2.24	2.11	0.303	55	19.6	2.18	1.82	0.511	100	15.9
ZK18-1	灰褐色泥岩	2.75	9.7	2.11	1.92	0.432	62	13.9	2.19	48.0	10.3	2.15	1.95	0.410	69	15.7	2.16	1.86	0.478	90	4.6
ZK18-57	灰褐色泥岩	2.42	10.5	1.95	1.77	0.367	69	16.1	2.05	100.8	7.6	2.02	1.88	0.287	64	14.0	2.10	1.84	0.315	100	1.9
ZK19-13	灰褐色泥岩	2.64	7.0	2.13	1.99	0.327	57	10.9	2.21	21.2	5.8	2.21	2.09	0.263	58	15.1	2.16	1.88	0.404	99	11.3
ZK19-25	灰褐色泥岩	2.70	10.1	2.13	1.93	0.399	68	13.6	2.20	47.6	6.4	2.18	2.05	0.317	55	14.7	2.16	1.88	0.436	91	9.0
ZK19-3	灰褐色泥岩	2.62	11.0	2.06	1.86	0.409	71	12.8	2.09	21.4	14.1	1.99	1.74	0.502	74	15.2	2.00	1.74	0.507	79	0.4
ZK19-38	灰褐色泥岩	2.74	7.6	2.09	1.94	0.412	50	14.3	2.22	60.0	9.5	2.12	1.94	0.412	63	17.6	2.13	1.81	0.514	94	7.0
ZK19-39	灰褐色泥岩	2.69	9.0	1.97	1.81	0.486	50	18.9	2.15	126.8	15.1	1.98	1.72	0.564	72	23.5	2.00	1.62	0.660	96	6.2
ZK19-4	灰褐色泥岩	2.65	6.2	2.20	2.07	0.280	59	12.0	2.32	58.4	5.9	2.25	2.12	0.250	63	14.4	2.22	1.94	0.366	100	9.7
ZK19-40	灰褐色泥岩	2.70	12.2	1.90	1.69	0.598	55	21.1	2.05	66.0	8.8	2.01	1.85	0.459	52	25.8	1.98	1.57	0.720	97	17.5
ZK36-17	灰褐色泥岩	2.59	6.6	2.26	2.12	0.222	77	12.2	2.38	698.0	5.8	2.31	2.18	0.188	80	21.9	2.11	1.73	0.497	100	26.2
ZK36-8	灰褐色泥岩	2.73	6.2	2.29	2.15	0.270	63	9.9	2.37	668.0	7.3	2.33	2.18	0.252	79	16.6	2.23	1.92	0.422	100	13.6
ZK36-9	灰褐色泥岩	2.75	7.1	2.38	2.22	0.239	82	9.7	2.44	966.0	8.0	2.21	2.05	0.341	65	19.9	2.10	1.75	0.571	96	16.9
ZK37-3	灰褐色泥岩	2.68	7.1	2.17	2.03	0.320	59	12.3	2.28	291.6	8.7	1.94	1.79	0.497	47	20.0	1.99	1.66	0.614	87	7.8
ZK37-4	灰褐色泥岩	2.71	5.5	2.11	2.00	0.355	42	13.0	2.26	411.6	5.0	2.17	2.07	0.309	44	16.3	2.17	1.86	0.457	97	11.1
合计	组数	15	15	15	15	15	15	15	15	15	15	15	15	15	15	15	15	15	15	15	15
	平均值	2.67	8.2	2.13	1.97	0.365	61	13.6	2.23	264.8	8.3	2.14	1.98	0.357	63	18.0	2.11	1.79	0.498	95	10.6
TZK33-1	灰黄色泥岩	2.77	6.9	2.10	1.96	0.413	46	16.0	2.28	496.8	8.5	2.03	1.87	0.481	49	23.5	2.08	1.68	0.649	100	10.9

续表 3-24

土样编号	岩性	比重	膨胀力								无荷膨胀率										
			试前					试后		膨胀力(kPa)	试前					试后					膨胀率(%)
			含水率(%)	湿密度(g/cm³)	干密度(g/cm³)	孔隙比	饱和度(%)	含水量(%)	湿密度(g/cm³)		含水率(%)	湿密度(g/cm³)	干密度(g/cm³)	孔隙比	饱和度(%)	含水量(%)	湿密度(g/cm³)	干密度(g/cm³)	孔隙比	饱和度(%)	
TZK33-6	灰黄色泥岩	2.76	6.4	2.22	2.09	0.321	55	11.7	2.33	580.2	6.3	2.23	2.10	0.314	55	16.8	2.18	1.87	0.476	97	12.3
TZK34-6	灰黄色泥岩	2.85	7.8	2.14	1.98	0.439	51	15.8	2.30	237.8	11.9	2.05	1.83	0.557	61	22.4	2.07	1.69	0.686	93	8.2
合计	组数	3	3	3	3	3	3	3	3	3	3	3	3	3	3	3	3	3	3	3	3
	平均值	2.79	7.0	2.15	2.01	0.391	51	14.5	2.30	438.3	8.9	2.10	1.93	0.451	55	20.9	2.11	1.75	0.604	97	10.5
ZK34-4	砂质黏土岩	2.72	4.3	2.20	2.11	0.289	40	10.5	2.33	264.0	6.0	2.15	2.02	0.347	47	13.3	2.24	1.98	0.374	97	2.2
ZK34-13	砂质黏土岩	2.73	7.1	2.09	1.95	0.400	48	13.1	2.21	71.2	5.6	2.09	1.98	0.379	40	16.8	2.13	1.82	0.500	92	8.5
ZK34-3	砂质黏土岩	2.72	5.8	2.24	2.12	0.283	56	9.9	2.33	455.6	5.9	2.28	2.15	0.265	61	12.5	2.33	2.07	0.314	100	3.8
ZK34-4	砂质黏土岩	2.72	8.6	2.20	2.03	0.340	69	12.7	2.29	98.5	5.3	2.24	2.13	0.277	52	13.9	2.29	2.01	0.353	100	5.9
ZK34-5	砂质黏土岩	2.70	5.2	2.21	2.10	0.295	52	11.0	2.33	475.8	4.4	2.21	2.12	0.283	42	13.7	2.24	1.97	0.381	98	7.2
ZK35-3	砂质黏土岩	2.70	5.0	2.25	2.14	0.262	52	10.0	2.36	197.2	5.2	2.30	2.19	0.233	60	12.4	2.28	2.03	0.330	100	7.7
ZK35-3	砂质黏土岩	2.71	6.4	1.97	1.85	0.465	37	15.9	2.15	17.2	13.2	2.05	1.81	0.497	72	16.4	2.08	1.78	0.522	85	1.5
ZK46-3	砂质黏土岩	2.72	8.7	2.14	1.97	0.381	62	13.0	2.22	63.2	6.8	2.05	1.92	0.417	44	14.4	2.15	1.88	0.447	88	2.1
ZK46-4	砂质黏土岩	2.74	5.4	2.14	2.03	0.350	42	12.3	2.28	216.0	4.4	2.04	1.95	0.405	30	15.8	2.14	1.85	0.481	90	5.5
ZK47-3	砂质黏土岩	2.67	10.5	1.99	1.80	0.483	58	16.1	2.09	1.2	14.0	1.95	1.71	0.561	67	18.1	2.01	1.70	0.571	85	0.5
ZK49-1	砂质黏土岩	2.71	12.3	2.13	1.90	0.426	78	14.3	2.17	40.0	12.8	2.14	1.90	0.426	81	15.2	2.15	1.87	0.449	92	1.6
ZK49-2	砂质黏土岩	2.72	7.4	2.12	1.97	0.381	53	14.9	2.27	384.4	4.3	2.07	1.99	0.367	32	14.1	2.22	1.94	0.402	95	2.3
ZK49-5	砂质黏土岩	2.70	4.9	2.22	2.11	0.280	47	11.0	2.35	400.0	4.8	2.29	2.19	0.233	56	11.7	2.33	2.09	0.292	100	4.7
ZK49-6	砂质黏土岩	2.68	3.8	2.18	2.10	0.276	37	9.8	2.30	149.0	3.8	2.23	2.14	0.252	40	11.4	2.31	2.08	0.288	100	3.3
ZK50-3	砂质黏土岩	2.75	23.2	1.89	1.53	0.797	80	22.2	1.87	8.8	16.8	2.03	1.74	0.580	80	19.8	2.04	1.71	0.608	90	1.9
ZK50-4	砂质黏土岩	2.71	5.5	2.12	2.01	0.348	43	13.0	2.27	32.9	11.6	2.04	1.83	0.481	65	17.6	2.10	1.78	0.522	91	2.5
ZK50-5	砂质黏土岩	2.72	3.8	2.08	1.86	0.462	22	16.8	2.17	38.0	17.5	2.01	1.71	0.591	81	20.4	2.03	1.69	0.609	91	1.2
ZK51-6	砂质黏土岩	2.73	12.4	2.10	1.87	0.460	74	15.0	2.15	12.0	12.5	2.09	1.83	0.492	69	17.3	2.10	1.79	0.525	90	2.5
ZK51-7	砂质黏土岩	2.71	7.5	2.01	1.87	0.449	45	15.4	2.16	30.8	13.2	1.99	1.76	0.545	66	18.2	2.04	1.72	0.581	85	2.2
ZK51-8	砂质黏土岩	2.69	16.4	2.00	1.72	0.564	78	17.7	2.03	0.8	2.4	2.22	2.17	0.240	27	10.3	2.29	2.07	0.300	92	4.8
ZK52-3	砂质黏土岩	2.71	12.3	2.07	1.84	0.473	70	15.5	2.13	19.7	7.7	1.89	1.75	0.549	38	20.6	2.03	1.69	0.604	92	4.1
ZK52-4	砂质黏土岩	2.70	8.4	1.94	1.79	0.508	45	16.8	2.09	27.2	11.6	2.10	1.88	0.436	72	17.2	2.13	1.82	0.484	96	3.3
ZK53-6	砂质黏土岩	2.74	7.2	2.11	1.97	0.391	50	13.5	2.24	136.8	12.2	2.02	1.80	0.522	64	19.0	2.08	1.75	0.566	92	3.0
ZK55-1	砂质黏土岩	2.69	3.9	2.02	1.95	0.379	28	12.1	2.18	24.9	3.6	2.02	1.95	0.379	26	12.7	2.17	1.93	0.394	87	0.9
合计	组数	24	24	24	24	24	24	24	24	24	24	24	24	24	24	24	24	24	24	24	24
	平均值	2.71	8.2	2.10	1.94	0.406	53	13.9	2.21	131.9	8.6	2.10	1.94	0.407	55	15.5	2.16	1.88	0.454	93	3.5

注：ZK34-13,ZK52-3,ZK52-4制样时已吸水。

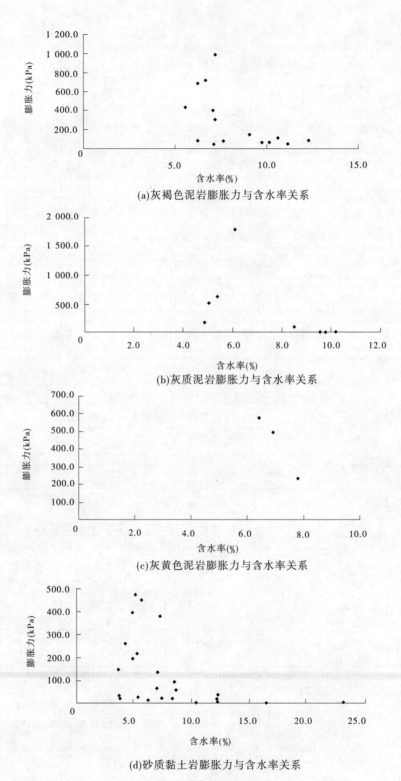

(a)灰褐色泥岩膨胀力与含水率关系

(b)灰质泥岩膨胀力与含水率关系

(c)灰黄色泥岩膨胀力与含水率关系

(d)砂质黏土岩膨胀力与含水率关系

图 3-30 软岩膨胀力与含水率关系

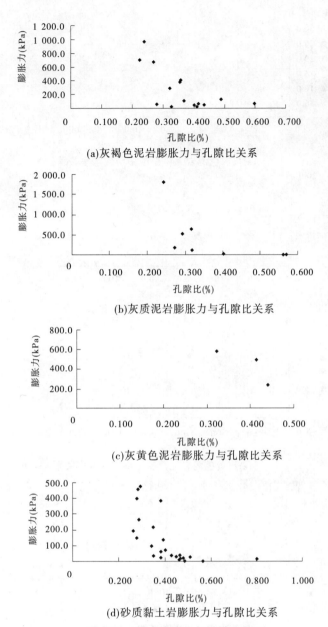

(a)灰褐色泥岩膨胀力与孔隙比关系

(b)灰质泥岩膨胀力与孔隙比关系

(c)灰黄色泥岩膨胀力与孔隙比关系

(d)砂质黏土岩膨胀力与孔隙比关系

图 3-31　软岩膨胀力与孔隙比关系

3.7　岩石力学特征

3.7.1　室内岩石试验

　　根据坝址构造型极软岩室内单轴压缩和三轴压缩等试验成果,对岩体有了较全面的了解;在初步设计阶段后期和技施阶段又进行了室内岩石试验,以进一步校核前期资料,确定建基高程和相应岩体物理力学参数。

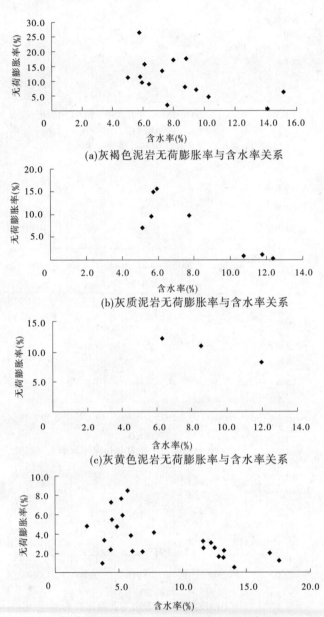

(a)灰褐色泥岩无荷膨胀率与含水率关系

(b)灰质泥岩无荷膨胀率与含水率关系

(c)灰黄色泥岩无荷膨胀率与含水率关系

(d)砂质黏土岩无荷膨胀率与含水率关系

图 3-32 软岩无荷膨胀率与含水率的关系

从室内岩石试验成果与薄片鉴定结果对比分析,构造变形轻微或构造影响较小的泥质岩,其强度较高;水平细层纹或断续微裂隙发育,则岩石强度较低。泥岩中含有较多的石英粉屑,其强度参数较高,否则强度相对较低。这一岩石力学特性,符合岩石结构和矿物强度控制的基本规律,对于研究岩体力学特性具有重要的工程意义。

岩石或岩体力学强度受岩石结构或微结构的控制,这个规律是比较明显的,对坝基构造型极软岩来说,外营力—风化营力的影响到底有多大,对泥质岩的力学强度与埋藏深度的关系作了进一步的研究,试验成果见表 3-25。

表 3-25 岩石压缩试验成果

序号	深度(m)	岩性	含水量(%)	密度(g/cm³)	围压(MPa)	破坏应力(MPa)	变形模量(MPa)	弹性模量(MPa)	泊松比	内聚力(MPa)	摩擦角(°)	破坏类型
1	9.6~10.3	泥岩(棕黄、黄色)	14.77~15.91 / 15.34	2.11~2.15 / 2.14	0.03~0.12	0.30~0.51	9.8~14.0 / 12.7	11.0~14.2 / 13.3		0.04	23.2	沿结构面剪破
2	10.5~11.8	泥岩(黄、灰色)	10.80~14.40 / 12.22	2.12~2.18 / 2.15	0~0.15	0.37~0.85	12.3~20.7 / 16.7	13.2~21.8 / 17.5	0.38	0.06	26.5	剪破坏
3	12.0~13.2	泥岩(灰、黄色)	10.16~12.80 / 11.12	2.12~2.28 / 2.17	0~0.15	0.62~1.15	15.8~29.8 / 25.5	16.9~31.2 / 26.5	0.38	0.09	27.5	剪破坏
4	13.6~14.7	泥岩(浅灰、黄色)	12.10~13.70 / 12.97	2.10~2.20 / 2.13	0~0.15	0.28~0.68	5.2~13.7 / 11.3	5.7~14.6 / 12.0	0.40	0.06	25.2	剪破坏
5	15.3~16.5	泥岩(棕黄、灰色)	10.35~12.35 / 11.41	2.09~2.21 / 2.15	0.03~0.15	0.43~0.84	14.5~20.5 / 17.3	15.7~21.6 / 18.1		0.05	27.2	剪破坏
6	16.8~18.5	泥岩(棕黄、黄色)	9.29~11.45 / 10.28	2.05~2.17 / 2.10	0~0.15	0.28~0.70	8.9~27.1 / 20.4	10.4~27.5 / 21.9	0.40	0.04	23.8	追踪页理或劈理剪破
7	19.8~21.5	泥岩(棕黄、黄色)	11.20~14.50 / 12.39	2.09~2.35 / 2.16	0~0.15	0.28~0.88	8.5~28.1 / 21.2	9.8~29.5 / 22.8	0.40	0.06	27.5	剪破坏
8	22.8~24.5	砂质泥岩(浅黄、灰色)	9.99~11.53 / 10.88	2.12~2.22 / 2.16	0~0.15	1.21~1.80	55.8~73.5 / 68.2	59.5~74.9 / 70.1	0.39	0.25	28.5	沿结构面剪破
9	24.8~26.0	泥岩(灰色)	10.80~11.00 / 10.8	2.10~2.16 / 2.13	0.03~0.15	0.46~0.85	19.2~23.6 / 21.0	20.6~24.5 / 22.1		0.06	25.6	剪破坏
10	27.0~28.5	泥岩(黄色为主)	12.01~13.23 / 12.70	2.11~2.24 / 2.18	0~0.15	0.28~0.59	7.5~18.6 / 15.6	8.0~19.6 / 16.6	0.43	0.03	24.8	沿结构面剪破
11	28.5~29.7	泥岩(灰色为主,有黄色)	12.30~13.33 / 12.92	2.08~2.13 / 2.11	0~0.15	0.25~0.49	4.8~12.8 / 9.6	5.4~14.3 / 10.4	0.44	0.03	25.5	剪破坏

续表 3-25

序号	深度(m)	岩性	含水量(%)	密度(g/cm³)	围压(MPa)	破坏应力(MPa)	变形模量(MPa)	弹性模量(MPa)	泊松比	内聚力(MPa)	摩擦角(°)	破坏类型
12	8.25~9.5	泥岩(黄,棕红,灰白色)	13.15~15.02 / 14.25	2.16~2.26 / 2.18	0~0.15	0.15~0.53	8.1~17.9 / 14.6	8.9~18.9 / 15.8	0.42	0.02	21.0	沿结构面剪破
13	3.8~12.7	泥岩(棕红、灰色)	15.83~16.82 / 16.38	2.05~2.20 / 2.13	0~0.15	0.22~0.50	5.4~10.9 / 9.0	6.5~11.6 / 10.2	0.44	0.04	16.0	沿结构面鼓胀剪破
14	10.0~11.7	泥岩(棕、灰、黄色)	14.83~16.42 / 15.95	2.06~2.20 / 2.12	0~0.15	0.20~0.48	6.7~10.1 / 8.9	7.5~11.5 / 9.9	0.43	0.04	17.0	轻微鼓胀
15	13.5~14.2	泥岩(灰色为主)	12.15~14.12 / 13.09	2.12~2.22 / 2.15	0~0.15	0.23~0.56	7.5~15.5 / 11.6	7.7~16.9 / 12.4	0.43	0.04	24.0	剪破环
16	14.5~15.7	泥岩(灰色为主)	12.88~14.20 / 13.54	2.01~2.10 / 2.06	0~0.15	0.21~0.65	5.2~12.5 / 10.6	5.3~13.7 / 11.6	0.43	0.04	24.5	剪破环
17	16.3~18.0	泥岩(灰色为主)	12.41~13.52 / 13.08	1.98~2.20 / 2.06	0~0.15	0.23~0.44	9.5~13.5 / 11.7	10.5~13.9 / 12.4	0.42	0.02	24.0	剪破环
18	18.8~21.5	页岩(黄色为主)	12.50~13.9 / 13.15	1.92~2.28 / 2.15	0~0.15	0.21~0.62	5.9~13.9 / 10.4	6.5~14.6 / 11.1	0.43	0.04	26.7	沿结构面剪破
19	18.2~23.0	页岩(黄色为主)	14.50~15.20 / 14.95	2.21~2.26 / 2.24	0~0.15	0.58~0.90	13.6~28.5 / 23.9	15.4~29.2 / 25.2	0.42	0.06	27.9	追踪页理或劈理剪破
20	23.3~25.0	页岩(灰色为主)	12.58~14.91 / 13.89	2.10~2.20 / 2.13	0~0.15	0.21~0.68	9.5~17.0 / 14.0	10.8~17.9 / 15.1	0.44	0.06	21.5	剪破环
21	27.0~29.0	泥岩(灰、黄色)	12.78~14.00 / 13.29	2.24~2.32 / 2.27	0.03~0.15	0.32~0.73	16.9~20.5 / 19.1	18.1~22.3 / 20.5	0.44	0.04	26.5	剪破环
22	27.6~29.7	泥岩(灰色为主)	11.20~14.00 / 12.89	2.08~2.20 / 2.13	0~0.15	0.23~0.77	6.2~16.7 / 11.8	6.7~18.1 / 12.7	0.43	0.03	24.8	剪破环
23	9.7~13.5	煤	8.35~11.33 / 8.25	2.04~2.24 / 2.14	0~0.15	0.25~0.68	13.0~22.9 / 19.0	17.5~24.1 / 21.0	0.44	0.07	19.8	剪破环
24	15.8~17.5	炭质页岩	11.04~12.66 / 11.90	2.14~2.28 / 2.19	0~0.15	0.49~1.35	8.5~15.7 / 12.1	9.0~17.2 / 13.3	0.42	0.05	26.1	沿结构面剪破
25	17.7~19.5	炭质页岩	11.00~12.54 / 11.86	2.06~2.15 / 2.11	0~0.15	0.49~1.05	10.1~17.5 / 14.0	10.9~18.6 / 15.1	0.43	0.07	27.8	沿结构面剪破

注：①序号 1～11 岩样取于钻孔 SZ2,孔口高程 1 240.36 m;序号 12～22 岩样取于钻孔 SZ3,孔口高程 1 240.19 m;序号 23～25 岩样取于钻孔 SZ1,孔口高程 1 230.74 m。
②表中分数的分子表示最小值和最大值,分母表示平均值。

从表 3-25 来看,岩石强度参数与埋藏深度的关系不太明显。一般认为,对于泥质岩类的软岩,随埋藏深度的增加,其力学强度参数会有提高,尤其是压缩强度及变形模量、弹性模量将会随深度的增加而提高。这一规律已被中国科学院地质与地球物理研究所周光瑞教授在一些工程实践中所证实。但是,由于该坝基泥质岩类受构造变动破坏强烈,岩石力学强度还是受结构面和微结构面的控制,风化营力的作用或影响就不太明显了。

坝基构造型极软岩含有一定的亲水矿物,即使对于较小的岩块,亦分布有密集的微裂隙和孔隙等,因而水对其力学强度特性影响很大,如果能找到含水率与岩体破坏形式的关系,对于施工控制和实施地质工程将具有重要的工程意义。通过室内岩石试验和深入系统的分析,构造型极软岩含水率在 10%～15%之间变化,岩石力学参数随含水率的变化而变化较慢;但是含水率在 14.83%～16.91%时,有的泥岩试件出现了鼓胀剪切破坏和沿结构面的鼓胀剪切破坏形式,其强度低,变形量很大。因此,确定泥岩鼓胀破坏含水率的上限具有重要的工程意义,对于评价施工措施和实施地质工程,保证泥岩含水率小于泥岩鼓胀破坏上限含水率,亦是地质工程半定量的重要指标。

总之,对坝基构造型极软岩力学特性进行系统研究,在国内外尚属罕见。坝基软岩力学强度低、变形大、流动变形显著等特性基本清楚,基本可确定其力学参数的范围,为坝基工程地质评价奠定较好的地质基础。

3.7.2 坝基岩体原位试验

为了研究坝基岩体力学性质,分别开挖试验坑和试验洞,进行现场原位试验。

坝基试验坑坑底高程 1 230.79～1 231.32 m,揭露地层为石炭系下统前黑山组,岩性为泥岩,局部夹砂岩团块。岩体中节理裂隙发育,结构面中均有泥质物充填,呈灰黄色、褐黄色、锈黄色等杂色,为强风化岩体。

试验洞洞底高程 1 234.29～1 234.69 m。揭露地层为石炭系下统臭牛沟组,岩性主要为炭质页岩,夹少量砂岩。炭质页岩呈灰黑色,页理发育多呈鳞片状,完整性较差,为强风化岩体。

3.7.2.1 坝基软岩岩体风化特性研究

为研究坝基软岩岩体风化特性,在试验坑开挖过程中,取杂色泥岩岩样,在日照、阴凉、浸水和棉纱浸湿 4 种状态下观察其变化情况,结果见表 3-26。

在试件加工后 15 min 内开始见细小裂纹,1.5 h 已见许多裂纹,裂纹宽度不断增加,岩样逐渐风干,1 d 后变化不再明显。阴凉状态下的岩样变化速度慢于日晒岩样。浸水岩样遇水后很快在岩样表层及结构面内形成泥膜,泥膜厚 1～5 mm,并沿结构面逐渐剥落,未崩解者产生许多细小裂纹,轻压即碎。棉纱浸湿岩样在浸湿面较快产生泥膜。

为了了解岩体开挖后风化影响深度,在探坑和基坑开挖后,在石炭系地层中按不同埋深、不同时间分别取样进行含水率测试,不同岩性、不同埋深含水率变化有如下规律。

(1)不同岩性其天然含水率有差别。杂色泥岩含水率较高,灰质泥岩次之,而炭质页岩含水率较低。一般情况下,杂色泥岩、灰质泥岩和炭质页岩天然含水率分别为 11%～13%、9%～11%和 8%～10%。

(2)在砂岩等中硬岩透镜体周围、近水体附近、渗水段,其含水率大(最大含水率可达

表 3-26 不同状态下泥岩变化过程统计结果

岩样	日期 (年-月-日)	时间 (时:分)	地质描述	备注
Y32	2000-10-26	16:05	硬塑状	规格: 11 cm× 10 cm× 10 cm; 状态:日晒
	2000-10-26	16:20	见细小裂纹,宽度约 0.2 mm,最长约 2 cm	
	2000-10-26	17:58	裂纹明显增多,宽度小于 0.5 mm,延伸长度 1~3 cm 不等。间距小于 5 mm	
	2000-10-26	21:55	见多条细小裂纹,宽度小于 0.5 mm,延伸长度 1~3 cm 不等	
	2000-10-27	08:45	裂纹较密集,宽度多小于 1 mm,最大宽度 2 mm	
	2000-10-27	17:45	裂纹较密集,宽度多小于 1 mm,最大宽度 2 mm,间距小于 4 mm	
	2000-10-29	17:57	岩样干硬,表面见许多裂纹,长多小于 3 cm,宽度小于 1 mm,最宽 2 mm,发育密度大,间距小于 3 mm	
	2000-10-30	16:40	无明显变化	
Y28	2000-10-26	16:10	硬塑状	规格: 8 cm× 13 cm× 6 cm; 状态:阴凉
	2000-10-26	16:25	表部有细小裂纹,宽 0.2 mm,延伸长度 1~2 cm	
	2000-10-26	21:15	见一些细小裂纹,多沿原劈理面产生,宽度小于 0.5 mm,长度小于 3 mm	
	2000-10-27	16:53	较坚硬,特征变化不明显	
	2000-10-29	18:03	干硬,表面见许多裂纹,长度一般小于 3 cm,最长约 5 cm,宽度小于 1 mm,间距 2~10 mm 不等	
	2000-10-30	15:46	无明显变化	
Y26	2000-10-26	16:18	坚硬。入水沿结构面有崩解现象。表部产生泥膜,厚度小于 1 mm。表面光滑	规格: 6 cm× 6 cm× 12 cm; 状态:浸水
	2000-10-26	17:00	沿岩块周边有崩解现象,剥落块径 1~7 cm,呈碎片状,近岩样堆高约 5 mm,岩样表层存在一层泥膜,厚度 1 mm 左右。沿结构面有裂开现象,缝宽 4~5 mm	
	2000-10-26	20:50	一角产生裂缝,宽度 6~7 mm,岩层表面泥膜多在 1 mm 左右,局部为 3 mm,沿结构面有 1~2 mm 泥膜	
	2000-10-29	16:58	表部软化层厚度 1~3 mm,一角已断为两块	
	2000-10-30	15:45	无明显变化	
Y29	2000-10-26	16:30	硬塑状,浸湿 1 min 观察见泥膜,厚一般为 0.2~0.5 mm	规格: 13 cm× 8 cm× 6 cm; 状态:棉纱浸湿
	2000-10-26	21:30	试样裂为两块,泥膜厚 0.5~1 mm,在局部杂色条带处厚度较大	
	2000-10-27	09:40	其中一半进一步裂为两半,泥膜厚度多小于 1 mm	
	2000-10-29	18:15	表部泥膜厚 1 mm 左右,光滑	
	2000-10-30	18:35	断裂物 4 瓣,均沿原有结构而产生。面部泥膜在 1 mm 左右	

16%～20%)。岩石天然含水率与劈理、层理发育程度及黏土矿物、有机质含量等有关。一般劈理、层理发育越好,其含水率越高;黏土矿物、有机质含量相对多时,其含水率相对高。

(3)随着深度的增加,含水率变化有逐渐减小趋势。

(4)随暴露时间延长,岩石含水率逐渐减小。为保持岩石天然含水率,需要进行及时保护。其中杂色泥岩含水率变化情况如图 3-33 所示。

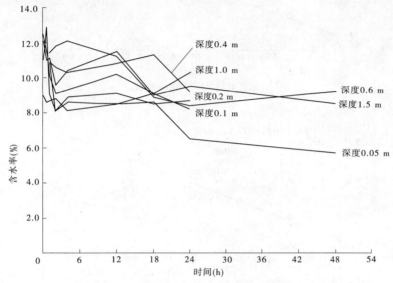

图 3-33　石炭系杂色泥岩不同深度含水率随时间变化曲线

3.7.2.2　混凝土与坝基岩体现场大型剪力试验

在试验洞和试验坑中,各进行 2 组混凝土与基岩大型剪力试验。混凝土试件浇筑后于其周围浸水饱和 14 d。试验采用单点法,水平推力方向与黄河流向相同。最大法向应力:炭质页岩为 0.35 MPa,分 5 级施加;杂色泥岩为 0.3 MPa,分 4 级施加。试验成果见表 3-27。

表 3-27　混凝土与岩体大型剪力试验成果

序号	编号	位置	岩性	抗剪断强度		抗剪强度	
				f'	C'(MPa)	f	C(MPa)
1	DJ1	试验洞	炭质页岩	0.35	0.022	0.35	0.018
2	DJ2	试验洞	炭质页岩	0.34	0.016	0.34	0.012
3	DJ3	试验坑	杂色泥岩	0.19	0.018	0.18	0.016
4	DJ4	试验坑	杂色泥岩	0.16	0.024	0.16	0.020

炭质页岩试件剪切后,剪切面不平整,最大起伏差 5～7 cm,混凝土剪切面上粘有岩石碎片部位有顺走向剪切的痕迹,说明其破坏主要沿界面附近页理或劈理面产生。τ—σ 关系曲线及剪应力—剪应变关系曲线如图 3-34～图 3-36 所示。

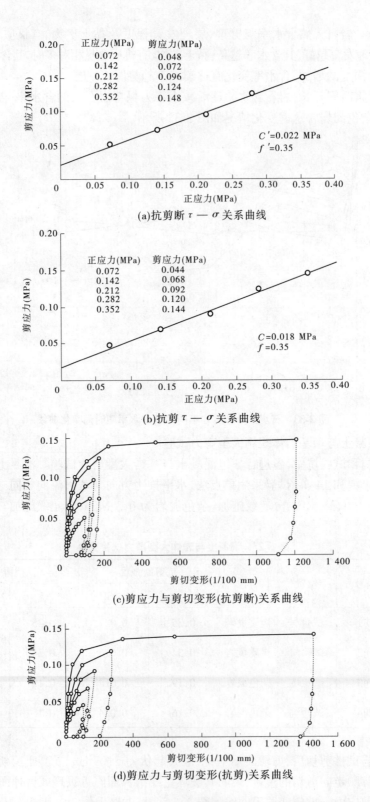

(a)抗剪断 τ — σ 关系曲线

(b)抗剪 τ — σ 关系曲线

(c)剪应力与剪切变形(抗剪断)关系曲线

(d)剪应力与剪切变形(抗剪)关系曲线

图3-34 DJ1炭质页岩 τ—σ 关系曲线及剪应力—剪应变关系曲线

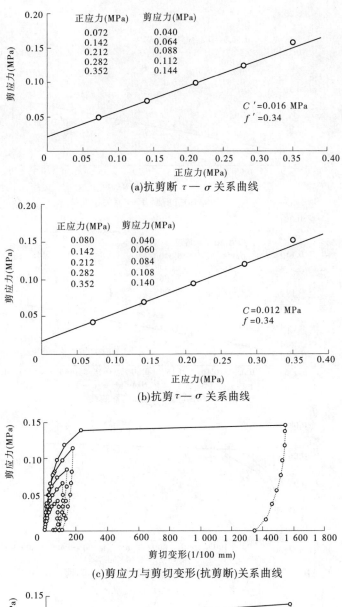

(a)抗剪断 $\tau - \sigma$ 关系曲线

(b)抗剪 $\tau - \sigma$ 关系曲线

(c)剪应力与剪切变形(抗剪断)关系曲线

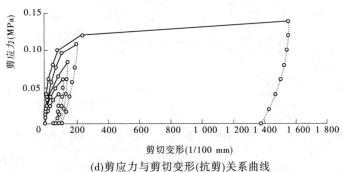

(d)剪应力与剪切变形(抗剪)关系曲线

图 3-35 DJ2 炭质页岩 $\tau - \sigma$ 关系曲线及剪应力—剪应变关系曲线

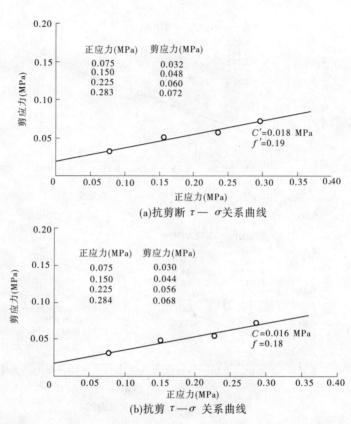

(a)抗剪断 $\tau—\sigma$ 关系曲线

(b)抗剪 $\tau—\sigma$ 关系曲线

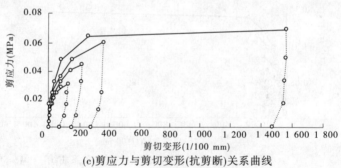

(c)剪应力与剪切变形(抗剪断)关系曲线

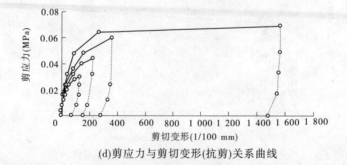

(d)剪应力与剪切变形(抗剪)关系曲线

图 3-36　DJ3 杂色泥岩 $\tau—\sigma$ 关系曲线及剪应力—剪应变关系曲线

杂色泥岩试件剪切后，剪切面其中一块较平整，另一块不平整，起伏差7～8 cm。其破坏主要沿接触界面产生，局部沿附近结构面滑动。关系曲线如图3-37所示。

由上述灰质页岩和杂色泥岩的强度曲线及剪应力曲线可以看出，虽然属不同岩石组成的岩体，其力学强度和剪切变形特点特性很相似，而同一类岩体的抗剪断和抗剪曲线亦很相似，这就进一步验证了宏观结构分析和微观结构分析是正确的。对于这类构造型极软岩岩体而言，岩体力学强度是由密集发育的不同规模富含泥质物的破裂结构面控制的。从另一方面亦证明构造型极软岩的结构特征。

大剪试验指标与抗剪断指标相近，这亦反映了构造型极软岩塑性破坏的特性。

3.7.2.3 静力载荷试验

上述构造型极软岩的抗剪强度充分反映了软岩塑性破坏的特性，综合分析破裂面的类型，在剪切面上有沿结构面的滑移，而结构面（尤其是层面或页理面）倾角在40°左右。对于电站而言，这类构造型极软岩承载能力如何，是否会沿控制性结构面挤出剪切破坏等都是非常重要的问题，为此又在试验洞和探坑中进行了3组载荷试验。

试点预留层厚20～30 cm，以保护岩体的天然湿度与原状结构。试验前剥去预留层，平整试点，地质编录后，铺设2 cm厚的中砂垫层，浸水48 h（试点PD02－2、PD02－3浸水时间为72 h）后，将多余的水放掉，打扫干净，铺一薄层细砂，以便于观测地面变形。试验采用圆形承压板，承压板直径为1 m。试验完成后，试件地质编录及 $p—s$、$s—\tan t$、$s—\tan p$ 曲线见图3-38～图3-43、表3-28～表3-32。

上述载荷试验成果见表3-33。

由上述试件破坏形式和表中极限强度及相应沉降量不难看出，试件虽属构造型软岩或极软岩，构造破裂面控制岩体强度的特征是比较明显的。试件在承受压力时，表现为沿倾向方向滑动破坏和反倾向方向挤出破坏，在承压区外侧则表现为侧向滑动。沿倾向方向泥化范围较厚，而反倾向方向泥化范围较薄。沿倾向方向岩体挤压隆起较高，张裂缝距承压板较远。在承压板下部，表面表现为压密，在深度0.7 m以内，地震波波速提高25%～35%，在0.7～1.0 m间地震波波速提高很少，仅有2%～5%，说明在此荷载作用下，达到破坏时的影响深度不大，仅有1 m左右（见表3-34和图3-44）。

根据岩体结构特征、岩体结构类型、岩体物理力学试验成果和工程体对地质环境的适应性等综合分析后，提出了坝基岩体物理力学参数建议值（或标准值），尽管我们认为工程地质建议值是经过综合分析建设场地岩体特性，用系统工程分析方法提出的，是符合实际的，但还是引起了各方的很大争议，有的专家认为给出的参数太低了，有的专家则认为给出的参数太高了，在这样的天然岩体上建坝几乎是不可能的。为了进一步复核工程地质参数，在技施阶段基坑开挖后，又进行了原位试验。

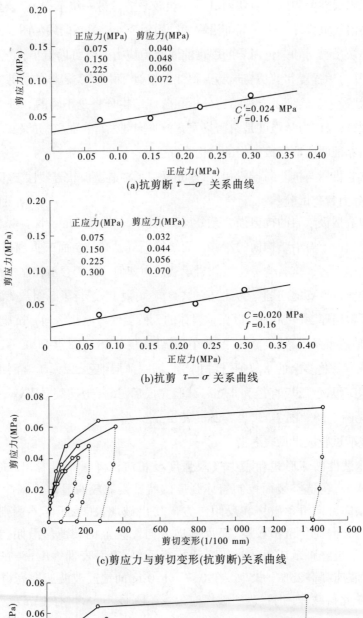

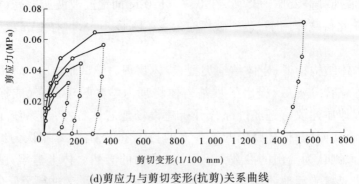

(a)抗剪断 $\tau-\sigma$ 关系曲线

(b)抗剪 $\tau-\sigma$ 关系曲线

(c)剪应力与剪切变形(抗剪断)关系曲线

(d)剪应力与剪切变形(抗剪)关系曲线

图 3-37 DJ4 杂色泥岩 $\tau-\sigma$ 关系曲线及剪应力—剪应变关系曲线

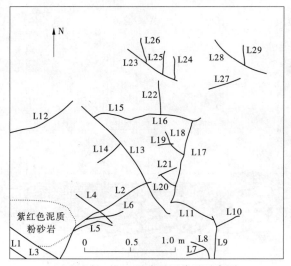

(a)试点 DK01 裂隙平面编录示意图

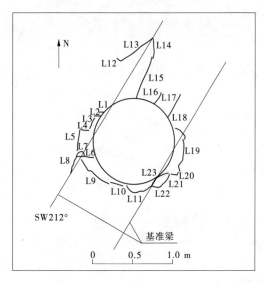

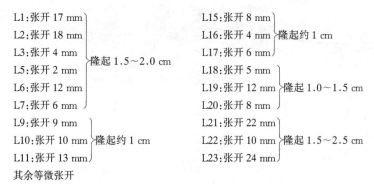

L1:张开 17 mm ⎫
L2:张开 18 mm ⎪
L3:张开 4 mm ⎬ 隆起 1.5~2.0 cm
L5:张开 2 mm ⎪
L6:张开 12 mm ⎪
L7:张开 6 mm ⎭

L9:张开 9 mm ⎫
L10:张开 10 mm ⎬ 隆起约 1 cm
L11:张开 13 mm ⎭

其余等微张开

L15:张开 8 mm ⎫
L16:张开 4 mm ⎬ 隆起约 1 cm
L17:张开 6 mm ⎭

L18:张开 5 mm ⎫
L19:张开 12 mm ⎬ 隆起 1.0~1.5 cm
L20:张开 8 mm ⎭

L21:张开 22 mm ⎫
L22:张开 10 mm ⎬ 隆起 1.5~2.5 cm
L23:张开 24 mm ⎭

(b)试点 DK01 载荷试验试件破坏后地质素描图

图 3-38　试点 DK01 裂隙平面编录及相关素描、关系曲线图

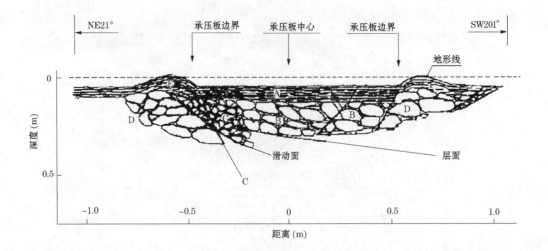

(c)试点 DK01 试后开挖剖面素描示意图一

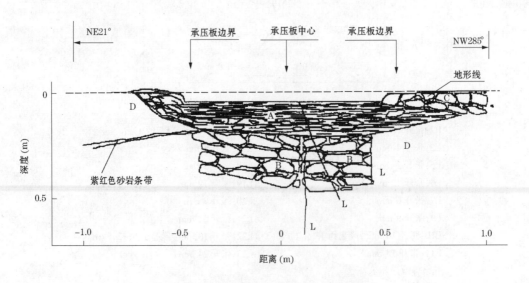

(d)试点 DK01 试后开挖剖面素描示意图二

续图 3-38

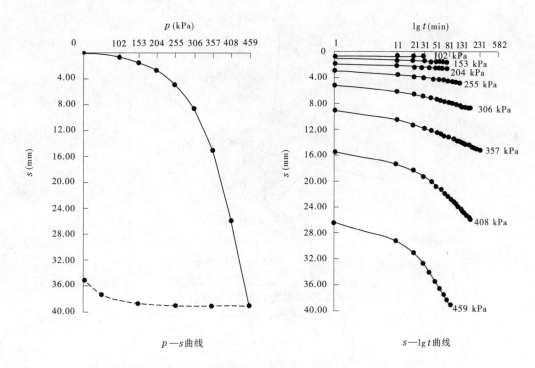

p—s 曲线

s—lg t 曲线

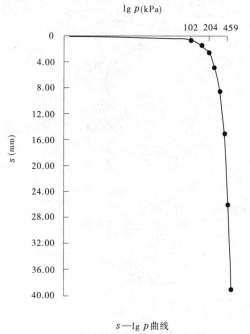

s—lg p 曲线

(e)试点 DK01 应力与变形关系曲线图

续图 3-38

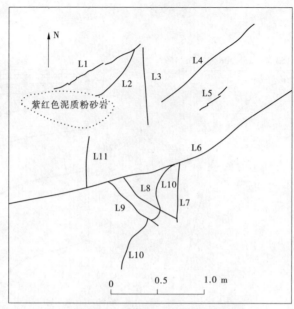

(a)试点DK02裂隙平面编录示意图

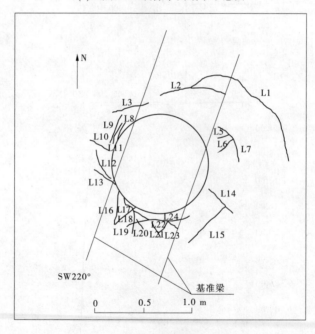

L1~L2:张开 15 mm,隆起约 1.5 cm

L14:张开 10 mm
L15:张开 10 mm⎫ 隆起约 4 cm

L16~L24:呈环状隆起,高度为 8 cm 左右,宽度为 30~40 mm

其余张开 1~3 mm,略有隆起

(b)试点 DK02 载荷试验试件破坏后地质素描图

图 3-39 试点 DK02 裂隙平面编录及相关素描、关系曲线图

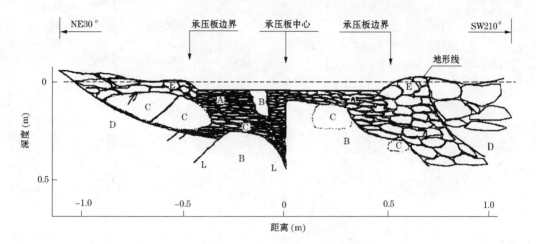

（c）试点 DK02 试后开挖剖面素描示意图一

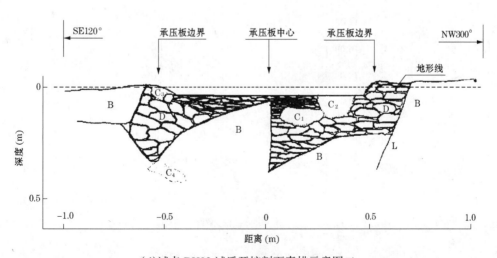

（d）试点 DK02 试后开挖剖面素描示意图二

续图 3-39

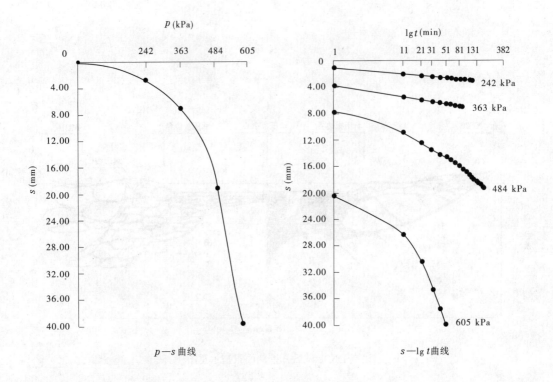

p—s 曲线

s—lg t曲线

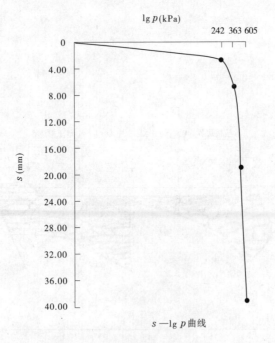

s—lg p曲线

(e)试点 DK02 应力与变形关系曲线图

续图 3-39

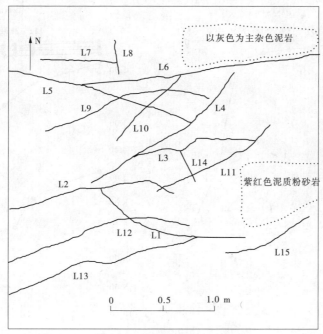

(a)试点DK03裂隙平面编录示意图

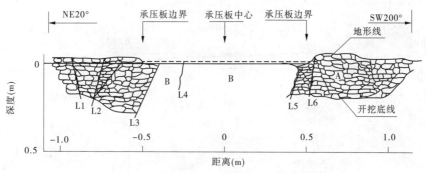

(b)试点DK03试后开挖剖面素描示意图一

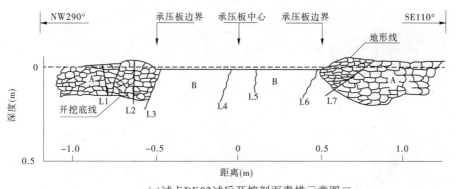

(c)试点DK03试后开挖剖面素描示意图二

图 3-40 试点 DK03 裂隙平面编录及相关素描、关系曲线图

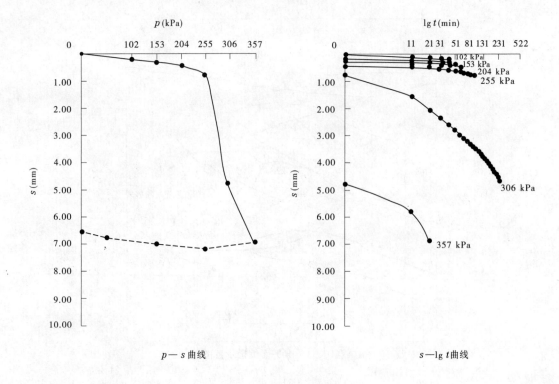

p — s 曲线 s—lg t 曲线

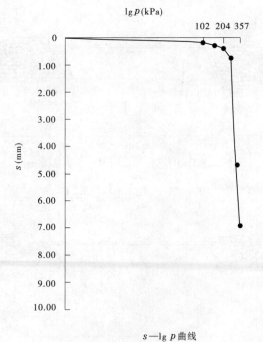

s—lg p 曲线

(d)试点 DK03 应力与变形关系曲线图

续图 3-40

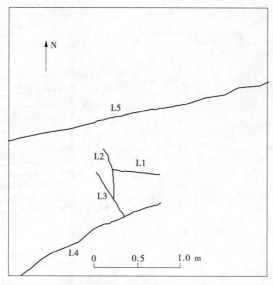

(a)试点PD02-1裂隙编录示意图

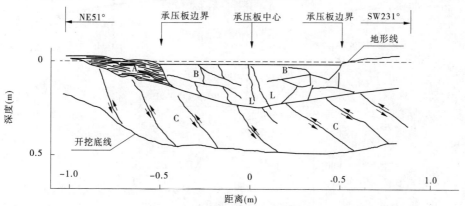

(b)试点PD02-1试后开挖剖面素描示意图一

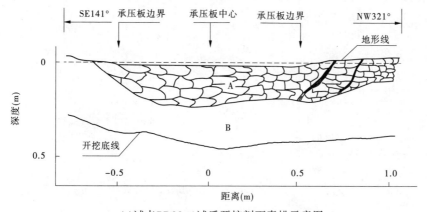

(c)试点PD02-1试后开挖剖面素描示意图二

图 3-41　试点 PD02-1 裂隙编录及相关素描、关系曲线图

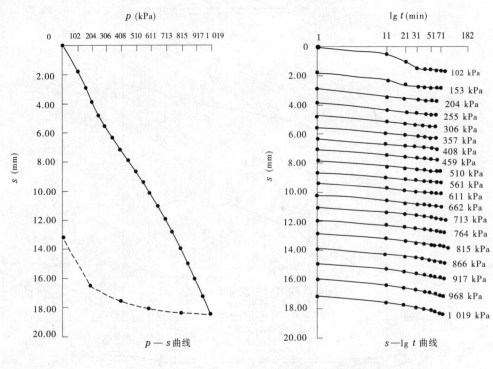

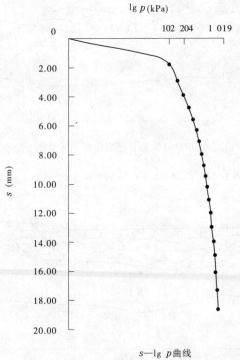

(d)试点 PD02－1 应力与变形关系曲线图

续图 3-41

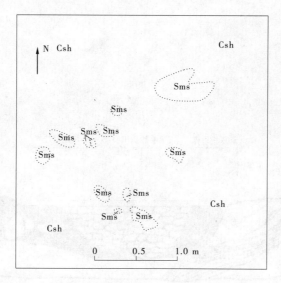

炭质页岩(Csh):黑色,流劈理发育,断面有油脂光泽,岩性不均一。
砂质泥岩(Sms):灰黑色,较炭质泥岩坚硬,呈结核状分布。
岩层产状:走向 NW316°,倾向 SW,倾角 24°(附近洞壁为砂岩层面)。
高程:1 234.39 m

(a)试点 PD02－2 裂隙编录示意图

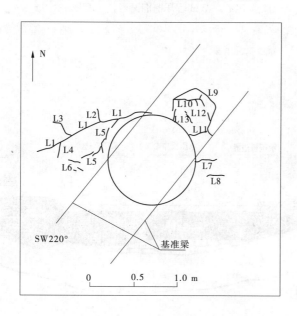

L1:张开 1.0~1.5 cm,隆起 1.0~1.5 cm;

L2~L6:张开 5~8 mm,隆起 1.0~1.5 cm;

L9、L10:张开 8~15 mm,隆起 4.5 cm;

其余张开 1~5 mm,略有隆起

(b)试点 PD02－2 载荷试验试件破坏后地质素描图

图 3-42　试点 PD02－2 裂隙编录及相关素描、关系曲线图

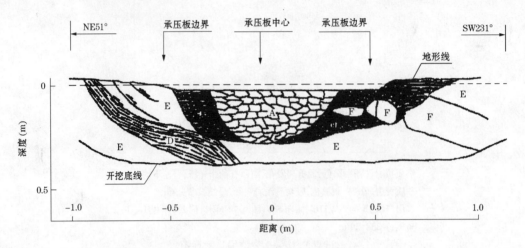

(c)试点 PD02－2 试后开挖剖面素描示意图一

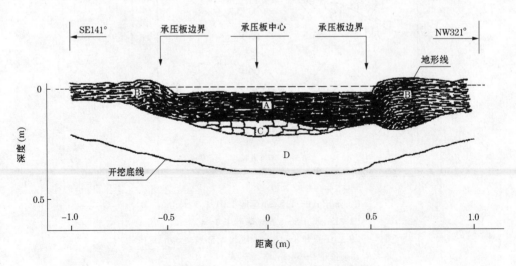

(d)试点 PD02－2 试后开挖剖面素描示意图二

续图 3-42

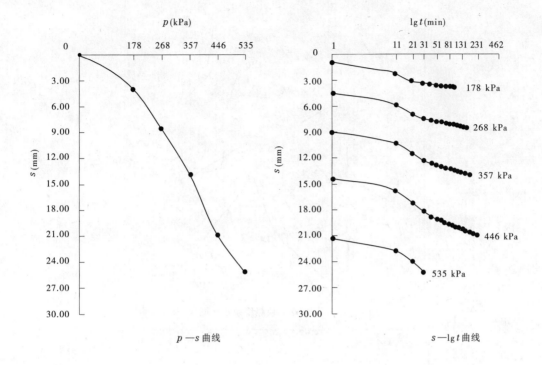

p (kPa)

p —s 曲线

lg t(min)

178 kPa

268 kPa

357 kPa

446 kPa

535 kPa

s —lg t 曲线

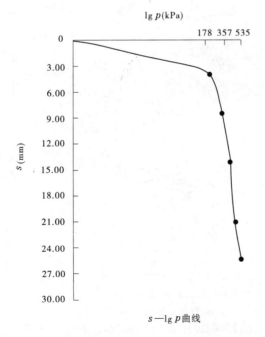

lg p(kPa)

s —lg p曲线

(e)试点 PD02－2 应力与变形关系曲线图

续图 3-42

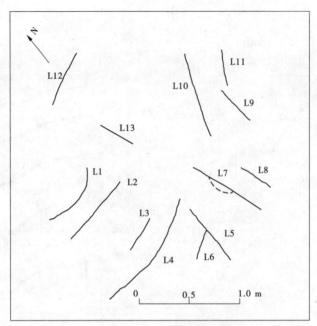

(a)试点PD02-3裂隙编录示意图

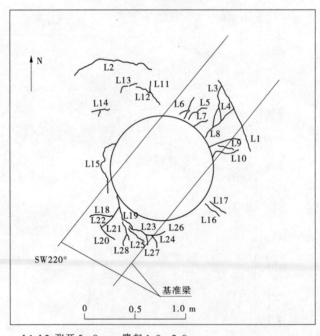

L1、L2:张开5~8 mm,隆起1.0~2.0 m;

L19、L23:张开1~2 cm,隆起1.0~2.0 cm;

L18、L20~L22、L24~L28:张开5~8 mm,隆起1.0~2.0 cm;

L14:张开5~8 mm,隆起1.0~2.0 cm;

其余张开1~3 mm,略有隆起

(b)试点PD02-3载荷试验试件破坏后地质素描图

图3-43 试点PD02-3裂隙编录及相关素描、关系曲线图

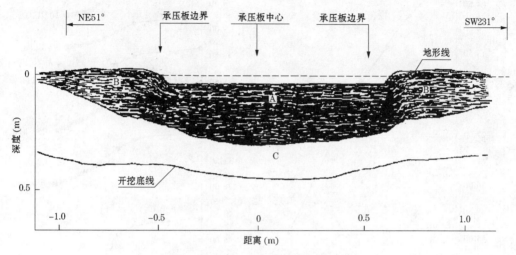

（c）试点 PD02－3 试后开挖剖面素描示意图一

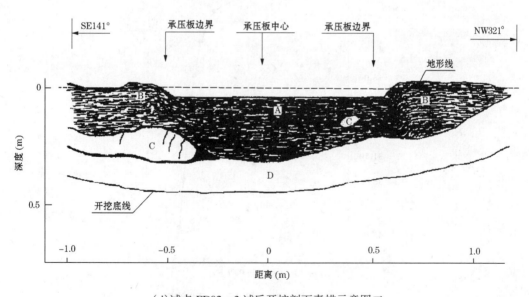

（d）试点 PD02－3 试后开挖剖面素描示意图二

续图 3-43

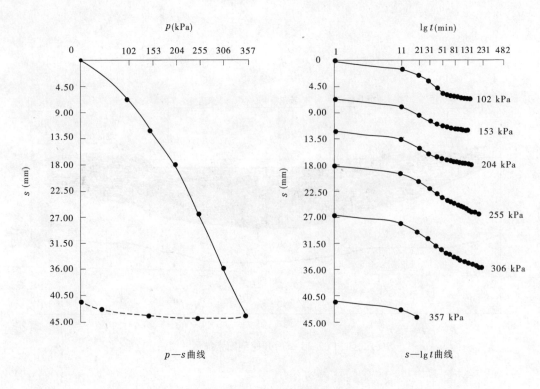

p—s 曲线

s—lg t 曲线

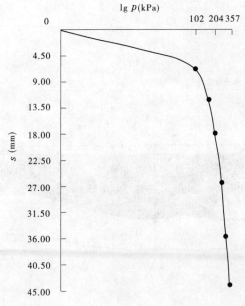

s—lg p 曲线

(e)试点 PD02-3 应力与变形关系曲线图

续图 3-43

表 3-28　试件节理裂隙统计(试点 DK01)

裂隙编号	裂隙产状			类型	裂隙宽度(mm)	充填物	备注
	走向(°)	倾向	倾角(°)				
L1	NW320			剪	4～5	褐黄色铁锰泥质	
L2	NE80			剪	2～3	紫红色铁锰泥质	
L3	NW330			剪	2	褐黄色铁锰泥质	
L4	NW320			剪	2～3	褐黄色铁锰泥质	
L5	NE75			剪	4～5	褐黄色铁锰泥质	
L6	EW			剪	1～2	褐黄色铁锰泥质	
L7	NE82			剪	2～3	褐黄色铁锰泥质	
L8	NW320			剪	2～3	紫红色铁锰泥质	
L9	NE13			剪	1～2	褐黄色铁锰泥质	
L10	NE65			剪	1～2	褐黄色铁锰泥质	
L11	NW305			剪	1～2	褐黄色铁锰泥质	
L12	NE80			剪	1～2	褐黄色铁锰泥质	
L13	NW325			剪	2～3	方解石	
L14	NE80			剪	1～2	褐黄色铁锰泥质	
L15	NE82			剪	2～3	褐黄色铁锰泥质	
L16	NE88			剪	1～2	褐黄色铁锰泥质	
L17	NE17			剪	1～2	褐黄色铁锰泥质	
L18	NW325			剪	1～2	褐黄色铁锰泥质	
L19	NE71			剪	1～2	褐黄色铁锰泥质	
L20	NW320			剪	1～2	褐黄色铁锰泥质	
L21	NE45			剪	1～2	褐黄色铁锰泥质	
L22	NE3			剪	3～4	褐黄色铁锰泥质	
L23	NW308	SW		剪	3～4	褐黄色铁锰泥质	
L24	NE8			剪	2～3	褐黄色铁锰泥质	
L25	NE8			剪	2～3	褐黄色铁锰泥质	
L26	NE8			剪	1～2	褐黄色铁锰泥质	
L27	NE56			剪	2～3	褐黄色铁锰泥质	
L28	NW303			剪	1～2	褐黄色铁锰泥质	
L29	NS			剪	1～2	褐黄色铁锰泥质	

表 3-29　试件节理裂隙统计(试点 DK02)

裂隙编号	裂隙产状			类型	裂隙宽度（mm）	充填物	备注
	走向（°）	倾向	倾角（°）				
L1	NE74			剪	3~4	褐黄色铁锰泥质	
L2	NE80	NW	60	剪	2~3	紫红色铁锰泥质	
L3	NW357	NW		剪	3	褐黄色铁锰泥质	
L4	NE85			剪	3~4	褐黄色铁锰泥质	
L5	NE68	NW	64	剪	5	褐黄色铁锰泥质	起伏差4~5 mm
L6	NE84		90	剪	4~5	铁锰质及方解石	局部充填方解石
L7	NW353			剪	2~3	褐黄色铁锰泥质	
L8	NW298			剪	2	铁锰质及方解石	
L9	NW300			剪	2~3	褐黄色铁锰泥质	
L10	NE33			剪	3~5	褐黄色铁锰泥质	波状，凹凸不平
L11	NE10			剪	1~2	褐黄色铁锰泥质	

表 3-30　试件节理裂隙统计(试点 DK03)

裂隙编号	裂隙产状			类型	裂隙		充填物
	走向（°）	倾向	倾角（°）		宽度（mm）	表面性质	
L1	NW290	NE	81	剪	8	弯曲	锈黄色铁锰泥质
L2	NE80	NW	85	剪	8	弯曲	锈黄色铁锰泥质
L3	NE79	NW	80	剪	2~5	弯曲	锈黄色铁锰泥质
L4	NE60	NW	50	剪	2~3	弯曲	锈黄色铁锰泥质
L5	NW300	NE	80	剪	2~8	弯曲	锈黄色铁锰泥质
L6	NW271	NE	80	剪	3~15	弯曲	锈黄色铁锰泥质
L7	NW278	NE	80	剪	12	较直	锈黄色铁锰泥质
L8	NE4	NW	60	剪	2	较直	锈黄色铁锰泥质
L9	NW302	NE	80	剪	1~10	弯曲	锈黄色铁锰泥质
L10	NE69	NW	75	剪	2~5	弯曲	锈黄色铁锰泥质
L11	NE59	NW	60	剪	5~7	弯曲	锈黄色铁锰泥质
L12	NW281	NE	85	剪	4	弯曲	锈黄色铁锰泥质
L13	NE83	NW	60	剪	7~12	弯曲	锈黄色铁锰泥质
L14	NW350	SW		剪	10~14	平直	紫红色铁锰泥质
L15	NE50	NW	70	剪	30	平直	紫红色铁锰泥质

注：岩层产状 NW290°,倾向 SW,倾角 20°。

表 3-31　节理裂隙统计(试点 PD02－1)

裂隙编号	裂隙产状			类型	裂隙宽度(mm)	充填物	备注
	走向(°)	倾向	倾角(°)				
L1	NW305	NE	85	剪	1～2	泥质	
L2	NE26	NW	45	剪	1～2	泥质	
L3	NW344	NE	85	剪	1～2	泥质	岩层产状:NW321°,倾向 SW
L4	NW292	NE	65	剪	1～2	泥质	
L5	NW300	SW	40	剪	1～2	泥质	

表 3-32　试件节理裂隙统计(试点 PD02－3)

裂隙编号	裂隙产状			类型	裂隙宽度(mm)	充填物	备注
	走向(°)	倾向	倾角(°)				
L1	NE81	NW	35	剪	1～2	泥质	近闭合,面弯曲
L2	NE80	NW	40	剪	1～2	泥质	平直
L3	NE80	NW	38	剪	1～2	泥质	平直
L4	NE83	NW	35	剪	1～3	泥质	平直
L5	NW350	SW	30	剪	1～5	泥质	平直
L6	NE82	NW	40	剪	1～2	泥质	平直
L7	NW327	SW	34	剪	1～2	泥质	面附泥膜
L8	NW340	SW	45	剪	1～2	泥质	面附泥膜
L9	NW330	SW	30	剪	1～2	泥质	面附泥膜
L10	NE2	NW	10	剪	1～3	泥质	平直
L11	NE12	NW	15	剪	1～2	泥质	平直
L12	NE78	NW	35	剪	1～2	泥质	平直
L13	NW330	NE	50	剪	1～2	泥质	平直

表 3-33　岩体载荷试验成果

试点编号	试验场地	高程 （m）	岩性	极限强度 （kPa）	相应沉降 （mm）	备注
DK01	试验坑	1 230.79	泥岩	306	8.73	
DK02	试验坑	1 230.91	泥岩	363	7.00	
DK03	试验坑	1 231.32	泥岩	255	0.77	PD02－1试验面
PD02－1	试验洞	1 234.29	炭质页岩	968	17.19	下夹砂岩透镜体
PD02－2	试验洞	1 234.39	炭质页岩	357	14.27	
PD03－3	试验洞	1 234.69	炭质页岩	255	26.23	

表 3-34　DK02 静载荷试验前后岩体地震波速测试成果

剖面方向	试验前			试验后		
	第一层		第二层	第一层		第二层
	波速 V_{p1}(m/s)	埋深 h_1(m)	波速 V_{p2}(m/s)	波速 V_{p1}(m/s)	埋深 h_1(m)	波速 V_{p2}(m/s)
垂直层面	320～370	0.32～0.66	840	400～500	0.67～0.73	840
平行层面	410～430	0.65～0.66	1 060	430～440	0.96～0.98	1 060

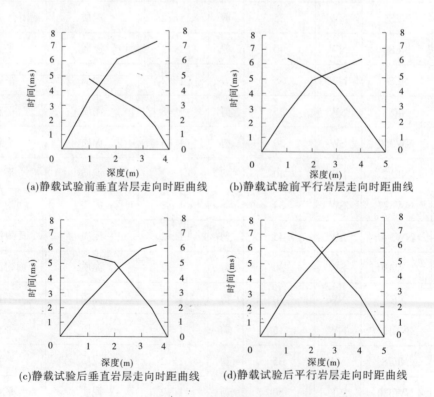

(a)静载试验前垂直岩层走向时距曲线　　(b)静载试验前平行岩层走向时距曲线

(c)静载试验后垂直岩层走向时距曲线　　(d)静载试验后平行岩层走向时距曲线

图 3-44　DK02 静载荷试验前后岩体地震波速测试曲线

3.7.3 技施阶段岩体原位试验

3.7.3.1 现场大型抗剪试验

在炭质页岩、灰质泥岩和杂色泥岩各做 1 组岩体大型剪切试验。试件制备是在机械开挖至保护层时，先进行人工撬挖清除表层 0.5～0.7 m 厚的受扰动岩体，再用人工深挖加工成 1 m×1 m×0.5 m 的岩体试件。大剪试验是在钢筋混凝土保护外罩浇筑完成后，人工养护 7～10 d 后进行。采用平推法进行现场岩体抗剪（断）试验，推力方向与河流流向一致。

试验最大法向应力 0.5 MPa，分 4 级施加，最后一级法向荷载加完后，待其法向变形稳定，分 8～10 级施加水平荷载，直至试件被剪断，然后逐级卸荷至法向和水平荷载为零。待变形稳定后，再重复上述过程进行摩擦试验。试验后，于剪切面处取样进行含水率试验。试验成果按库仑公式进行整理，采用最小二乘法得出其屈服强度指标。试验成果见表 3-35 及图 3-45～图 3-47。

表 3-35 坝基岩体大型剪切试验成果

序号	位置	岩性	抗剪断强度		抗剪强度		试件含水率（%）
			f'	C'（MPa）	f	C（MPa）	
1	河床电站 4 号坝段	灰质泥岩	0.34	0.049	0.33	0.041	6.05～6.51，平均 6.28
2	河床电站 1 号坝段	杂色泥岩	0.29	0.07	0.29	0.07	6.72～8.78，平均 7.87
3	泄洪闸 4 号坝段	炭质页岩	0.31	0.044	0.31	0.042	4.61～6.51，平均 5.62

由上述资料来看，对于坝基构造型极软岩，其抗剪断强度和摩擦强度相差无几，几近一致，这就进一步证明构造破裂面控制岩体抗剪强度这一特有规律，这给坝基抗滑稳定计算边界条件的确定提供了较好的技术支持。

3.7.3.2 岩石中型抗剪试验

试件制备是在机械开挖至保护层，先进行手工撬挖清除表层 0.5～0.7 m 厚的受扰动岩体，进行人工深挖加工成 30 cm×30 cm×34 cm 的岩体试件。制备完成后再用模板夹住，再用铅丝捆牢，送到室内，拆模后经过一定的修整，放进 28 cm×29 cm×34 cm 的中剪仪中进行试验。中型剪切试验共进行 20 组，其成果见表 3-36 及图 3-48。

通过上述资料分析整理，得出的同一岩性的抗剪（断）强度指标与前期试验成果基本一致，不同岩性的抗剪（断）强度指标、不同试验方法所得成果基本一致，试验所得参数较好地反映了不同岩性的抗剪（断）强度特性。

从试验过程及剪应力与剪切变形关系曲线上看，当屈服值出现后，随剪应力的增加，试件逐渐进入破坏阶段，峰值出现后，剪应力不再增长，而水平变形则不断增大，此时试件被剪断，曲线呈近似水平状延长，破坏时的总变形量均在 10 mm 左右，进一步说明试件均属塑性破坏类型。

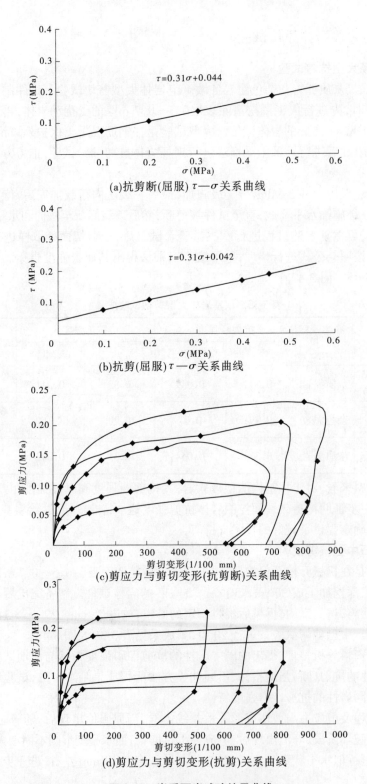

(a)抗剪断(屈服) τ—σ 关系曲线

(b)抗剪(屈服) τ—σ 关系曲线

(c)剪应力与剪切变形(抗剪断)关系曲线

(d)剪应力与剪切变形(抗剪)关系曲线

图 3-45 炭质页岩试验结果曲线

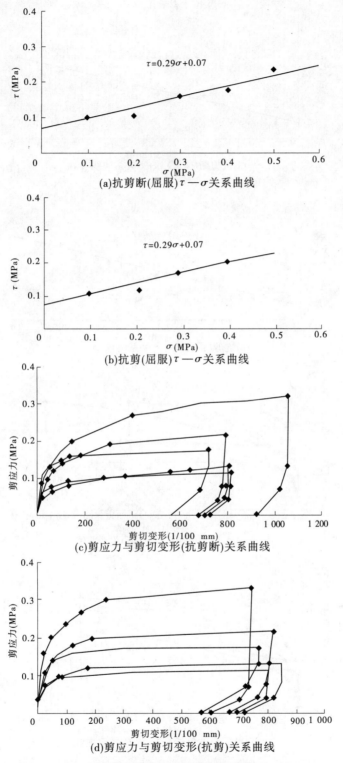

图 3-46 杂色泥岩试验结果曲线

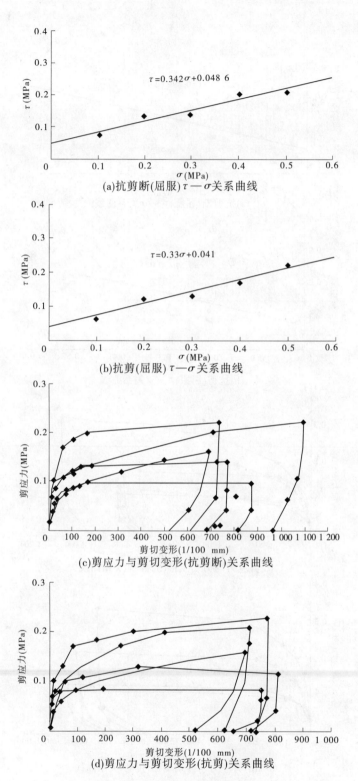

(a)抗剪断(屈服)τ—σ关系曲线

(b)抗剪(屈服)τ—σ关系曲线

(c)剪应力与剪切变形(抗剪断)关系曲线

(d)剪应力与剪切变形(抗剪)关系曲线

图 3-47 灰质泥岩试验结果曲线

表 3-36　岩石中剪试验成果

岩性	数值类型	抗剪断强度		试件含水率（%）	组数
		f'	C'（MPa）		
灰质泥岩	最大值	0.41	0.11		7
	最小值	0.33	0.027		
	平均值	0.36	0.07		
	小值平均值	0.34	0.056		
	群点法	0.36	0.07		
杂色泥岩	最大值	0.36	0.07	5.86～13.35，平均 9.46	7
	最小值	0.22	0.05		
	平均值	0.31	0.06		
	小值平均值	0.26	0.053		
	群点法	0.31	0.06		
炭质页岩	最大值	0.40	0.061	3.26～6.64，平均 5.04	6
	最小值	0.25	0.04		
	平均值	0.32	0.055		
	小值平均值	0.28	0.045		
	群点法	0.32	0.06		

3.7.3.3　静力载荷试验

在河床电站 1 号、4 号坝段和泄洪闸 4 号坝段灰质泥岩、杂色泥岩和炭质页岩保护层上进行原位载荷试验。

试验采用圆形承压板，承压板直径为 1 m。试验预计极限破坏强度为 800 kPa，首级荷载为预计极限破坏强度的 1/5，以后每级为 1/10。因试验岩体为极软岩，其变形模型为塑性流动，稳定标准为连续 3 次读数之差均不大于 0.02 mm 时即可加下一级荷载。

试验过程中有下列情况之一出现时即可终止试验：沉降急剧增加，承压板周围出现裂缝和隆起；持续 2 h 沉降速率加速发展；总沉降量超过承压板直径的 1/10；沉降变形急剧增加，p—s 关系曲线出现陡倾段；当加载不能达到极限荷载时，最大压力应达设计应力的 2 倍以上。

试验成果见表 3-37 和图 3-49。

根据试验场地的岩性特征、结构面特征以及试验过程中观察到的破坏特征，确定主要变形破坏的地质模型为一种滑移——压致拉裂的组合形式。此种模型表现为一定结构的岩体沿岩体中原有的软弱面的滑移，并伴以起源于滑移面的分支拉裂面。这类变形的发展可使岩体碎裂化、散体化，也可因拉裂面与滑移面的交接部位压碎扩容，使两者连成贯通性滑动面而发展为剪切破坏。对这种层状碎裂结构的泥岩来说，其变形破坏过程中的时间效应实际表现为一种塑性流动。

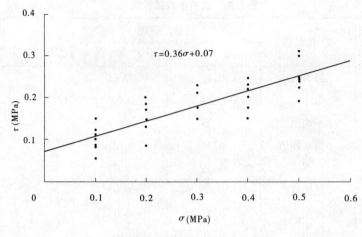

(a)灰质泥岩群点法 τ—σ 关系曲线

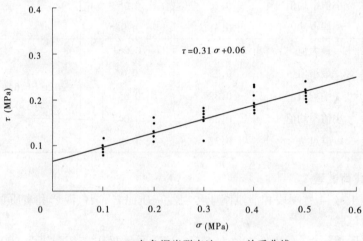

(b)杂色泥岩群点法 τ — σ 关系曲线

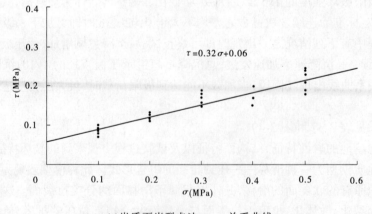

(c)炭质页岩群点法 τ—σ 关系曲线

图 3-48   中剪群点法 τ—σ 关系曲线

表 3-37　岩体载荷试验成果

岩性	试验场地	试点编号	高程(m)	极限强度(kPa)	试验达到的最大沉降量(mm)
灰质泥岩	河床电站 4 号坝段	1#	1 215	815	30.07
杂色泥岩	河床电站 1 号坝段	2#	1 215	841	17.11
		3#	1 215	510	25.91
		4#	1 215	611	21.7
炭质页岩	泄洪闸 4 号坝段	5#	1 219	688	33.2
		6#	1 220	764	38.5
		7#	1 220	815	31.0

　　由于 2# 试点承压板范围内岩性不均一,其北侧夹一薄层砂岩,致使试验过程中产生不均匀沉降。承压板南、北侧的不均匀沉降近 8 mm,具不均匀沉降的变形特征。

　　其他试点承压板范围内岩性较均一,且岩层产状近似,具有共同破坏特征。这种岩体的主控制结构面为层面,在集中荷载作用下,主要是沿层面滑移并向后剪切岩层,当岩体沿层面滑移造成的对后部岩体的剪切强度大于其抗剪强度时,便造成了岩体的破坏。由于岩体的滑移,造成了承压板前缘对岩体的压应力集中,并伴随着岩体的滑移在承压板边缘产生拉张应力,以致形成了在岩体反倾方向的剪切——拉张破坏逆冲。地面变形情况见表 3-38。

表 3-38　地面变形情况

试点编号	1#	3#	4#	5#	6#	7#
反倾方向	距承压板边缘 0.5 m,上抬量为 2.50 mm	距承压板边缘 0.5 m,上抬量为 5.86 mm	距承压板边缘 0.5 m,上抬量为 1.34 mm	距承压板边缘 0.5 m,上抬量为 - 1.05 mm	距承压板边缘 0.5 m,上抬量为 0.02 mm	距承压板边缘 0.5 m,上抬量为 0.65 mm
倾向方向	距承压板边缘 0.5 m,上抬量为 22.97 mm	距承压板边缘 0.5 m,上抬量为 6.33 mm	距承压板边缘 0.5 m,上抬量为 5.14 mm	距承压板边缘 0.5 m,上抬量为 7.01 mm	距承压板边缘 0.5 m,上抬量为 2.14 mm	距承压板边缘 0.5 m,上抬量为 1.06 mm

　　距承压板边缘相同距离,倾向方向的地面抬升量均大于反倾方向的地面抬升量,并且破坏后观察承压板在倾向方向亦有位移,位移量 3~10 mm。1# 试点岩性为灰质泥岩,强度高于杂色泥岩和炭质页岩,其两个方向的差值也较大(见图 3-50)。

　　综上所述,岩体力学强度有如下特征:

　　(1)沙坡头坝基岩体软、硬岩强度差异明显。砂岩、灰岩强度相对较高,属于中硬岩;灰质泥岩、杂色泥岩和炭质页岩等强度低,属于构造型极软岩。

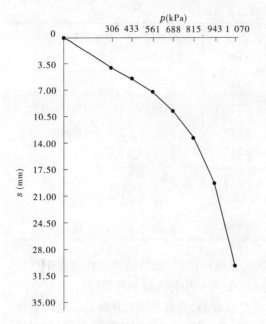

(a)1#—河床电站4号坝段灰质泥岩

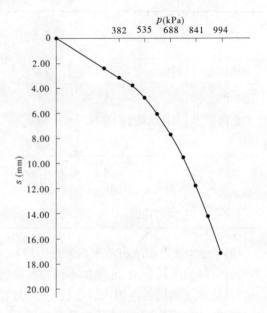

(b)2#—河床电站1号坝段杂色泥岩

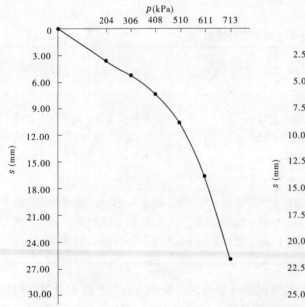

(c)3#—河床电站1号坝段杂色泥岩

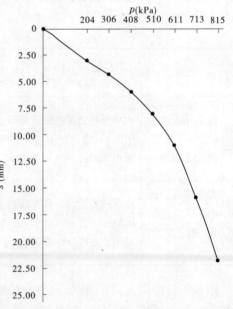

(d)4#—河床电站1号坝段杂色泥岩

图 3-49　静载试验 p—s 曲线

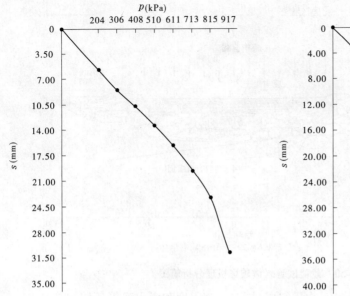

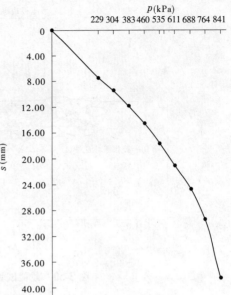

(e)5#—泄洪闸4号坝段炭质页岩

(f)6#—泄洪闸4号坝段炭质页岩

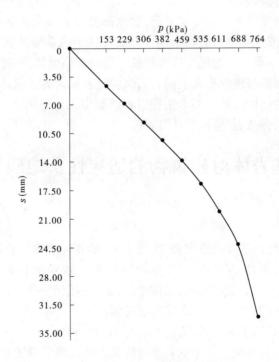

(g)7#—泄洪闸4号坝段炭质页岩

续图 3-49

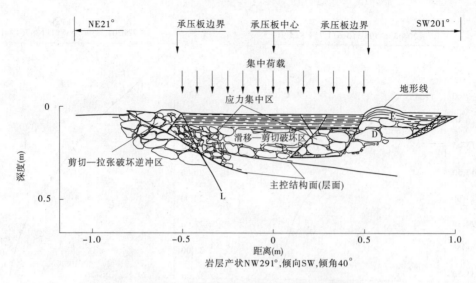

图 3-50　载荷试验岩体破坏机理分析简图

（2）泥页岩的强度主要受岩性、物质组成、构造发育程度和含水率等条件的控制。

（3）泥页岩中结构面发育，无论室内试验还是现场试验均表明，岩石（体）破坏往往沿原有结构面或追踪结构面产生。

（4）泥页岩力学强度的水效应非常显著，含水率低时大多为剪切破坏形式，含水率高时则表现为鼓胀破坏或鼓胀剪切破坏。这一方面反映了构造型极软岩亲水性较强，另一方面也反映出岩体的不均一性和低密度等特征。随含水率增加，强度逐渐降低。

（5）本工程岩石试验与传统意义上的岩石试验有着很大的区别，传统意义上的岩石试验指的是岩块，是不含结构面的。而本工程岩石试验中无论是物性还是力学试验都含有各种微结构面，更确切讲接近"微型岩体"特性。

3.8　坝基岩体对建筑物的适应性及地质工程建议

3.8.1　建基面确定

河床电站及泄洪闸坐落在灰质泥岩、炭质页岩、砂质泥岩和杂色泥岩等软岩层上，其中夹杂少量泥质灰岩、灰岩、泥质粉砂岩、砂岩等中硬岩，软岩和中硬岩强度差异较大。

地层沿走向和倾向均呈舒缓波状，总体产状：走向 NE50°～NW290°，倾向 SE 或 SW，倾角多在 25°～60°。由于褶曲发育，局部岩层反倾。

强风化带厚度 4.6～11.8 m，弱风化带厚度 11.1～15.6 m。

据声波测井资料，强风化岩体中软岩波速随深度增加风化程度减弱，波速值增加；弱、微风化带岩体波速值虽有上述变化趋势，但增幅较小。岩石力学试验亦反映出同样的特性。弱风化带及以下软岩岩体强度主要受岩性和构造发育程度等因素影响。

基岩面顶部岩体由于风化、卸荷，加之水的长期作用，岩石软弱破碎，不宜直接作为建筑物地基。综合分析坝基岩体结构、岩石风化程度、岩石（体）力学强度等工程岩体质量和工程规模等因素,建议电站基础置于弱风化带岩体,河床地段开挖至基岩面以下 10 m 左右;泄洪闸基础置于强风化带岩体中下部,河床地段开挖至基岩面以下 5 m 左右。遇有构造破碎带和小型褶曲、揉皱等发育带或石膏集中段需深挖处理。

设计上根据工程结构要求,将电站基础开挖面高程确定为 1 210.30 m(进入基岩 14~17 m),位于弱风化带下部岩体;进口部位齿槽略深,该部位建基高程为 1 205.80 m,进入微风化带上部岩体。

泄洪闸位于主河床,闸身对基础承载力要求略低。依据地质条件和岩性特点,泄洪闸坝段坐落在强风化带的底部岩体上。依据现场开挖揭露的地质岩层状况,确定 1 号~6 号底板设计建基面高程为 1 219.0 m,其中 2 号~5 号泄洪闸闸室底板基岩主要为炭质页岩,由于其表层疏松,因此此区间基础采用深挖回填素混凝土处理方案,以使各坝段基底受力均匀,局部深挖,建基面高程 1 217.50 m。

隔墩坝段、北干电站、安装场坝段、南干电站及其安装间坝段和右坝肩等均属岸坡坝段,其建基高程随岸坡高程增加相应抬高,为使岸坡坝段具有足够侧向稳定性,岸坡坝段基础在沿坝轴方向开挖形成台阶状。设计中除考虑按边坡坝段进行稳定计算和采取工程措施外,施工中重点加强开挖边坡保护。

岩层中层间错动,顺层、小角度切层破碎带发育。岸坡总体稳定主要受层面或与层面相近的破裂结构面控制。由于该组结构面多为泥质物充填,其抗剪指标非常低。当为顺向坡且岩层倾角缓于坡角时,易沿其产生滑动,影响岸坡整体稳定。因此,前期勘察建议该套岩体顺向坡应适当放缓,不宜陡于岩层倾角。其他方向边坡按 1:1 基本能满足要求,但开挖后应及时进行喷锚保护。

施工过程中,坝址左岸岸坡和集水井左侧岸坡开挖坡角分别为 1:1 和 1:0.5,为顺向坡,且岩层倾角缓于坡角。由于坡度较陡,开挖后仅喷素混凝土,未及时锚固,先后发生多次滑坡,滑坡均沿层面产生,后做全面清理、削坡和锚固加固。其他方向岸坡亦多为1:(1~0.5),施工过程中没有发现明显的变形破坏,总体稳定性较好。

3.8.2 坝基基础开挖与保护

基础开挖是在原地质建议建基和建筑物基础设计高程的基础上,根据开挖岩体的风化、卸荷情况、软弱破碎岩体展布、物理性状以及不同水工建筑物对地基的要求等进行适当的调整。

坝基岩体主要为泥岩、页岩等构造型极软岩,具有遇水软化、失水干裂的特点,同时具有膨胀性,失水干燥或经扰动破坏后再浸水会产生较大的膨胀变形或破坏。坝基开挖如果保护不及时或措施不得当,岩体将很快产生风化和软化,降低岩体强度,影响建筑物基础稳定。因此,在施工过程中应减少对基础岩体的扰动破坏,开挖时预留保护层,撬挖后及时清理并浇筑混凝土覆盖,防止失水干裂。同时做好基坑排水和保护,避免因水浸泡使岩体膨胀而在岩体表面形成软弱面,以保障岩体的天然状态和强度。

据此,施工过程中,为保护坝基岩体采取的主要工程措施如下。

(1)限制爆破。在邻近建基面预留不小于 1.5 m 厚岩体保护层,保护层以上的爆破采用小炮分层爆破方法开挖,以减小爆破对建基面基岩的松动影响。

(2)限制保护层开挖方式。对于 1.5 m 岩体保护层分 3 层限时开挖,表层 0.8 m 采用机械开挖,靠近建基面的 0.7 m 采用人工撬挖,撬挖分两层进行,先开挖 0.4 m,再开挖下层 0.3 m,开挖时进行严格控时。

(3)限制建基面暴露时间。在具备浇筑混凝土保护层条件时进行基础保护层开挖。保护层的开挖施工要连续进行,在机械开挖和人工开挖层之间不允许有较长的停顿施工间隔。基岩暴露后,及时用防雨布覆盖,以尽量保持泥岩的天然含水率不发生变化。撬挖完成后 6 h 内浇筑混凝土保护层。

(4)限制保护层混凝土的养护方式。斜坡面保护层采用喷锚支护保护,在不具备浇筑第一层结构混凝土条件之前,对斜坡保护层混凝土采用湿麻袋和防雨布覆盖养护,养护期延长至第一层结构混凝土浇筑之前。任何部位的混凝土养护水不得危害未覆盖混凝土的建基面基岩。

北干电站、隔墩坝段、南干电站等边坡坝段建基面高差较大,由于基岩完整性较差,且具有失水崩解的特性,为维护临时边坡稳定,边坡开挖后立即锚固并喷射混凝土进行保护。为确保边坡坝段混凝土保护层的稳定,边坡坝段开挖中采取铺设钢筋网并喷混凝土进行保护。

3.8.3　基础处理及工程和地质工程措施

针对坝基岩体工程特性,主要采取以下工程和地质工程措施,以保障工程安全。

3.8.3.1　设置上游齿槽

泥、页岩岩体破碎,多呈鳞片状,混凝土与其胶结强度较差,成为薄弱面。针对该岩体工程特性,在河床电站和泄洪闸部位均设置上游齿槽,这一工程措施使控制建筑物的滑动面进入岩体本身,避免建筑物基础底面与基岩间产生的不利结合面影响建筑物抗滑稳定。其中河床电站上游齿槽 1 205.7 m,较下游底板低 4.5 m;泄洪闸齿槽高程 1 216.4 m,低于下游底板 1~2.5 m。

3.8.3.2　防渗地质工程

坝基岩体以泥质岩为主,透水性较差,地质工程师分析其采用帷幕防渗不一定达到最佳效果,所以在防渗设计中采用防渗帷幕和防渗护坦联合运用的形式。

混凝土坝段上游均布设防渗帷幕,防渗帷幕设两排孔,其下游设坝基排水孔幕,与灌浆帷幕形成完整的坝基防渗系统。坝上游设混凝土防渗护坦,泄洪闸上游混凝土防渗护坦长 30 m,电站坝段上游防渗护坦长 50 m。采取上述地质工程措施,以降低基底渗透压力,提高建筑物抗滑稳定性。

帷幕灌浆采用抗硫酸盐水泥。灌浆帷幕设两排孔,主帷幕孔向上游倾斜 10°,下游副帷幕孔垂直,主、副帷幕相距 0.6 m。

帷幕深度根据基岩透水性分区如下:南干电站及其以南坝段属岸坡坝段,透水性较强,裂隙内有石膏和铁明矾充填。为确保防渗效果,主帷幕深度为建基面以下深入基岩 15~20 m,副帷幕深入 10~15 m;其余区段主帷幕深度为建基面以下深入基岩 15 m,副帷幕深 8 m,灌浆孔孔距均为 2 m。由于泥、页岩孔内卡塞困难,采用孔口封闭法进行灌浆是适宜的。帷幕灌浆分 3 段,灌浆压力 0.3~1 MPa,灌浆过程中混凝土抬动变形较大,多处出现裂缝现象。此现象产生原因主要是混凝土与泥、页岩接触面结合较差,易沿接触面串浆,且灌浆压力偏大。针对上述情况,将灌浆压力降为 0.15~0.4 MPa,且在第一段灌浆结束后,将孔口管下入基岩面以下 1.5 m 处,待凝后再进行以下各段灌浆。采取以上措施后,有效防止了盖板混凝土抬裂现象的出现。

为排除透过帷幕的渗水和基岩裂隙中潜水,降低基底扬压力,在上游主排水廊道内设置坝基排水孔幕,与灌浆帷幕形成完整的坝基防渗系统。主排水孔距主灌浆帷幕孔 1.40 m,排水孔向下游倾斜 10°,排水孔深入基岩 8 m,孔距 1.5 m。

3.8.3.3 坝基表部岩体地质工程——固结灌浆

坝基岩体以泥、页岩为主,间夹砂岩、灰岩透镜体,两者强度差异较大。由于经历多期构造运动,岩体较为破碎。为提高坝基岩体强度,提高岩体的均一性,减少沉降和不均匀变形,同时增强混凝土与基础岩体结合,在坝基表部进行固结灌浆加固处理。灌浆均采用抗硫酸盐水泥。固结灌浆孔排距均为 2 m,孔深 3~7 m。

固结灌浆孔作业均应在具有混凝土盖重下进行,软岩区段固结灌浆采用干钻法。在右岸砂质泥岩中进行固结灌浆前需进行钻孔孔壁冲洗,而在炭质页岩、灰质泥岩和杂色泥岩中固结灌浆前不进行裂隙冲洗和压水,以防岩体遇水膨胀,破坏岩体结构。

固结灌浆前后采用钻孔声波透射法进行灌浆质量检测。其中河床电站和北干电站测试情况如下:

杂色泥岩灌浆前波速为 1 180~2 410 m/s,总体平均波速为 1 860 m/s;灌浆后波速为 1 270~2 440 m/s,总体平均波速为 1 940 m/s;灌浆后各孔波速平均提高率为 1.9%~9.7%,总体平均提高率为 4.8%。

灰质泥岩灌浆前波速为 1 850~2 860 m/s,总体平均波速为 2 220 m/s;灌浆后波速为 1 890~3 070 m/s,总体平均波速为 2 340 m/s;灌浆后各孔波速平均提高率为 0.8%~11.5%,总体平均提高率为 5.8%。

上述泥岩段灌后波速值提高幅度比较大的段多出现在基岩面以下 1 m 范围内,其下波速值提高幅度很小。

砂岩条带或透镜体灌浆后的岩体波速为 2 410~3 700 m/s,总体平均值为 3 060 m/s;最大波速提高率达 27.1%,平均提高率为 10.1%,说明砂岩的可灌性相对较好。

泄洪闸部位炭质页岩岩体破碎,结构较为松散,灌后波速值普遍提高,平均提高率在 10% 左右。

由此可见,砂岩和炭质页岩段灌浆效果比较明显,通过灌浆能够达到提高岩体强度和均一性的目的。泥岩部位灌浆,在混凝土与基岩接触面附近灌浆效果较为明显。进行接触灌浆是必要的,固结灌浆能起到一定的加固作用,但在岩性单一的泥岩段固结灌浆孔深可适当减小,吃浆较明显段为混凝土与基岩接触界面附近的岩体内。对下部岩体灌浆,其可灌性很差。

通过以上地质工程实施和效果分析,总结出如下几点。

(1)强风化岩体中极软岩波速随深度增加、松弛程度减弱而减弱,波速值增加较明显;弱、微风化带岩体虽有上述趋势,但增幅较小,岩石力学试验亦反映出同样的特性。弱风化带及以下软岩岩体强度主要受岩性和构造发育程度等因素影响。对于一般水工建筑物基础而言,置于强风化带下部或弱风化带上部岩体即可。对构造型软岩岩体而言,随深度增加岩体完整性和强度没有明显改善趋势,局部深挖主要是受建筑物结构要求。

(2)泥、页岩具有遇水膨胀软化、失水收缩干裂的胀缩特性。如保护不及时或措施不得当,岩体很快产生风化和破坏,降低岩体强度,影响建筑物基础稳定。因此,在施工过程中应减少对地基岩体扰动破坏,开挖时预留保护层,撬挖后及时清理并浇筑混凝土,防止失水干裂。同时做好基坑排水和保护,避免因水浸泡而在岩体表面形成软弱面,以保障岩体的天然状态和强度。

(3)泥、页岩岩石破碎多呈鳞片状,混凝土与其结合较差,成为薄弱面。针对该岩体设置齿槽,调整潜在滑移面是非常有效的措施。

(4)由于泥、页岩软弱,孔内卡塞困难,采用孔口封闭法进行灌浆是适宜的。帷幕灌浆在第一段灌浆结束后,将孔口管下入基岩面以下一定深度,待凝后再进行以下各段灌浆,可预防混凝土盖板抬裂现象的出现。

(5)砂岩和炭质页岩段固结灌浆效果比较明显,通过灌浆能够达到提高岩体强度和均一性的目的。泥岩部位,在混凝土与基岩接触面附近灌浆效果较为明显,进行接触灌浆是必要的,其下岩体可灌性差,波速值提高有限,灌浆孔深进入基岩面以下 2 m 左右即可满足要求。为避免抬动变形过大,尽量在有一定盖重的情况下进行,且压力不宜太大。

第 4 章　施工地质及地质工程

4.1　坝基岩体宏观质量

坝基岩体主要由泥、页岩等软岩组成,局部夹泥质灰岩、灰岩、泥质粉砂岩、砂岩等。

坝址位于窑上复式倒转向斜正常翼,泥、页岩等软岩岩体内层间错动、褶曲、揉皱、顺层小角度切层断层及挤压破碎带、节理裂隙发育。在地质历史时期,受区域压应力的持续作用,软岩产生固态流动变形,岩体多呈鳞片状或针片状。

灰岩、砂岩等硬岩在泥、页岩产生固态流动变形过程中被拉断或被剪切破坏,多呈透镜状展布。透镜体两端发育有密集的向滑动方向散开的剪切裂隙,其内还发育密集的与滑动方向斜交的剪张裂隙,将透镜体切成碎块状,其表面多因构造变质作用而形成绿泥石薄膜。在水热作用下,岩体中充填有棕黄色的泥质物,沿层面和节理裂隙面呈网格状分布。

除靖远组下部砂岩集中段呈次块状或碎裂结构外,坝基其他部位岩体以散体结构为主,局部地段为碎屑结构。

除少数坝段外多为 V 类岩体,各坝段因岩性组合不同工程地质特性又有所差异,工程地质分区建立在以软岩为代表的岩性组合的基础上。

4.2　坝基岩体质量定量标准

4.2.1　岩体的弹性参数特征

初步设计阶段勘察期间进行了沿洞壁地震波测试和钻孔声波测井。

其中右坝肩 PD1 探洞洞向与岩层走向近直交,洞壁岩体由靖远组下部砂岩夹泥岩组成。沿洞壁进行地震波测试,岩体纵波速度为 1 480～2 390 m/s,平均 2 050 m/s;横波速度为 520～1 160 m/s,平均 830 m/s;动力弹性模量为 1.69～8.05 GPa,平均 4.52 GPa;泊松比为 0.39。

坝线上游约 1 km 处 PD2 探洞揭露为臭牛沟组上部地层,岩性以炭质页岩、泥岩为主,夹少量砂岩。沿洞壁进行地震波测试,岩体纵波速度为 800～2 500 m/s,平均 1 540 m/s;横波速度为 460～1 300 m/s,平均 800 m/s;动力弹性模量为 0.49～10.04 GPa,平均 3.53 GPa;泊松比为 0.38。

钻孔中声波测井资料见表 4-1。

由测试结果可知,坝基岩体的波速值普遍较低,这与岩体的结构特征相一致。岩体的声波波速随岩体风化程度减弱略有增大的趋势,但其数值差异并不显著,岩体的波速值主要受岩性和构造控制。

表 4-1 钻孔声波测试结果

地层	岩性	风化程度	段长(m)	声波波速(m/s)		
				最大值	最小值	平均值
石炭系	灰质泥岩	强风化(上部)	12.8	2 970	1 520	2 232
		强风化(下部)	15.6	2 930	1 600	2 295
		弱风化	74.4	2 990	1 500	2 376
		微风化	162.7	2 970	1 500	2 546
		合计	265.5	2 990	1 500	2 469
	灰褐色泥岩	强风化(上部)	5.4	2 880	1 590	2 171
		强风化(下部)	11.4	2 900	1 890	2 410
		弱风化	32.2	2 820	1 540	2 361
		微风化	28.6	2 990	1 730	2 525
		合计	77.6	2 990	1 540	2 416
	灰黄色泥岩	全风化	9.4	2 450	1 520	1 849
		强风化(上部)	16.2	2 450	1 500	1 891
		强风化(下部)	10.0	2 200	1 720	1 987
		弱风化	3.0	2 470	2 130	2 269
		微风化	2.0	2 500	1 700	2 271
		合计	40.6	2 500	1 500	1 950
	页岩	强风化(上部)	4.2	2 420	1 530	1 689
		强风化(下部)	9.0	2 600	1 670	2 204
		弱风化	17.0	2 990	1 670	2 373
		微风化	37.0	2 970	1 500	2 426
		合计	67.2	2 990	1 500	2 337
	煤层	强风化(上部)	4.4	2 440	1 770	2 254
		强风化(下部)	1.6	2 470	2 240	2 370
		弱风化	0.8	2 470	2 420	2 453
		微风化	0.2	2 470	2 470	2 470
		合计	7.0	2 470	1 680	2 309

地层	岩性	风化程度	段长 (m)	声波波速(m/s)		
				最大值	最小值	平均值
石炭系	砂质泥岩	强风化(上部)	3.6	2 470	1 770	2 167
		强风化(下部)	3.8	2 470	1 680	2 161
		弱风化	0.4	2 900	2 760	2 785
		微风化	24.2	2 970	1 920	2 610
		合计	32.0	2 970	1 680	2 509
	泥质灰岩	强风化(上部)	1.4	2 500	2 000	2 178
		强风化(下部)	5.6	3 860	2 250	2 891
		弱风化	10.0	3 930	2 080	2 838
		微风化	25.4	4 000	2 450	2 981
		合计	42.4	4 000	2 000	2 909
	泥质砂岩	强风化(上部)	0.4	2 000	2 000	2 000
		强风化(下部)	3.2	3 280	2 000	2 457
		弱风化	5.4	3 640	2 080	2 710
		微风化	24.2	3 920	2 020	2 690
		合计	33.2	3 920	2 000	2 670
	灰岩	强风化(上部)	1.4	5 000	2 600	3 516
		强风化(下部)	2.4	5 130	2 500	3 514
		弱风化	11.4	5 710	2 560	3 663
		微风化	5.4	5 240	2 500	3 462
		合计	20.6	5 710	2 500	3 527
	砂岩	强风化(上部)	3.2	3 400	2 500	2 949
		强风化(下部)	0.6	5 000	2 700	4 033
		弱风化	43.0	5 000	2 500	3 549
		微风化	29.0	5 710	2 500	3 545
		合计	75.8	5 710	2 500	3 526
	砾岩	微风化	5.8	5 200	2 600	4 062

同一岩性的声波速度均高于地震波速度,一般高出20%~40%。因为地震波测试的频率主频为100 Hz,属低频范围,其波速与频率和黏滞系数几乎无关,而声波测试的频率主频为10~20 kHz,属高频范围,其波速与频率和黏滞系数的平方根成正比,加之地震波测试段长度相对较长,更多地跨越岩体结构面,因此同一岩性的声波速度高于地震波速度。

施工过程中在建基面保护层上进行地震波测试。试验性地震波检测采用相遇时距曲线观测系统。测试工作在炭质页岩、灰质泥岩和杂色泥岩三个试验场地进行。

按建基面开挖方式,即先用机械向下开挖0.7 m,然后人工向下撬挖0.3~0.5 m,测试时间为开挖后2~11 h内分4~5个时间段分别测试。纵波速度有随时间延长而降低的趋势,下降幅度约5%。

由于岩性、开挖方式、保护措施以及测试时间等条件的不同,岩体的弹性波参数变化较大。未扰动岩体纵波速度见表4-2。

表4-2 不同岩性地震波测试统计

岩性	纵波速度(m/s)		动弹模(GPa)		备注
	范围	平均值	范围	平均值	
杂色泥岩	900~2 080	1 510	0.77~7.85	2.87	泥、页岩中包括少量砂岩、灰岩透镜体
薄层灰质泥岩	1 000~2 010	1 460	1.17~5.54	2.61	
厚层灰质泥岩	1 650~2 330	1 900	3.56~7.25	4.81	
炭质页岩	820~1 590	1 210	0.71~2.66	1.59	

由物探测试成果分析,坝基岩体物理特性如下:

(1)坝基岩体波速值普遍较低,主要是因为岩体主要由泥、页岩等构造型极软岩组成,且岩体中破裂结构面发育,岩体破碎。

(2)爆破开挖、机械开挖对坝基岩体扰动明显。经爆破开挖和机械开挖后,表层的纵波速度为400~700 m/s,影响深度为0.2~0.6 m。原状岩体经开挖暴露后,纵波速度有随时间延长而降低的趋势,在11 h内纵波速度下降5%左右。

(3)坝基岩体地震纵波速度为1 000~2 500 m/s,岩体动弹性模量为1.10~9.60 GPa。岩体泊松比与岩体纵波速度具有较好的相关性,相关关系为$\mu = 0.462\ 9 - 0.000\ 06V_p$,相关系数$R = 0.97$。

(4)坝基岩体地震波测试,岩体波速各向差异不显著。如杂色泥岩、薄层灰质泥岩、厚层灰质泥岩、炭质页岩、砂岩的平行地层走向和垂直地层走向的地震纵波速度比值分别为1.04、1.08、1.06、1.07、1.03。这从一个侧面反映出了岩体破碎,多呈散体的结构特征。

4.2.2 坝基验收标准

根据本工程施工特点和坝基岩体结构特征,坝基质量检测采用地震波测试,以地震波波速作为坝基质量评价的定量指标。

由于岩性差异较大,坝基验收很难用统一的标准。依据物探检测试验成果,以建基面岩体基本未被扰动为原则,选取纵波速度为定量验收要素。炭质页岩、杂色泥岩和灰质泥岩的地震纵波速度,分别以不小于1 000 m/s、1 200 m/s、1 800 m/s作为建基面岩体质量验收定量指标。

部分坝段为薄层灰质泥岩,其间有少量硬岩夹层且结构面非常发育,波速值较低。其中岩性较单一、劈理发育的薄层状灰质泥岩,以地震波速度1 300 m/s作为验收标准。

斜坡段参照上述标准略有修改,炭质页岩、杂色泥岩地震波速验收标准分别为1 000 m/s和1 100 m/s,厚层且夹硬岩透镜体的灰质泥岩和岩性较单一的薄层灰质泥岩地震波速分别以1 600 m/s和1 200 m/s作为岩体质量验收标准。

4.3 工程地质分区及岩体力学参数选取

4.3.1 初步设计阶段建议力学参数

4.3.1.1 坝基抗滑稳定分析及抗剪指标选取

坝基岩层走向近顺河向,岩体中顺层小角度切层挤压破碎带和小断层发育。此外,在软岩中微结构面发育,且多有泥质物充填,泥膜中含有绿泥石及石膏等矿物。坝基部位虽未发现规模较大的潜在滑移破裂结构面,但隐微结构面发育密集,易组合形成潜在滑动面。依据现场试验,其抗滑稳定主要受控于混凝土与岩体接触面及岩体内部软弱结构面的抗剪强度。

受场地条件限制,试验坑中大剪试验是在强风化岩体中浸水状态下进行的,抗剪指标较低。设计厂房建基面开挖深度较大,在不失水和不浸水的天然状态下地质条件会有所改善。

左岸杂色泥岩段,尤其是强风化岩体中,造孔过程中存在缩孔和岩心拉长现象,从一个侧面反映出岩石强度较低。抗剪指标选取时要充分考虑这一特点。

河床右侧臭牛沟组上部以炭质页岩为主,局部炭质含量较高。经强烈构造变动,岩体中节理裂隙发育,岩石被切割成鳞片状或碎屑状。结构面光滑,且多附泥膜,抗滑稳定主要受结构面控制。该岩石取样过程中容易扰动破坏,室内试验的样品主要取自裂隙结构面发育相对较少的岩心。

在抗剪参数选取时,综合中剪试验、天然状态三轴压缩试验及现场大剪试验成果。在精心施工、基坑保护措施及时,确保建基面不扰动、不失水、不受水浸泡的情况下,抗剪指标可按表4-3选取。

4.3.1.2 坝基岩体承载力的确定

综合考虑载荷试验、天然状态下三轴压缩试验成果等,以确定承载力建议值。

由于载荷试验是在浸水状态下强风化岩体中进行的,试验成果偏低,考虑到电站基础开挖深度大,风化程度较试验层位减弱,围压增大,地质条件有所改善,加之其中夹有少量硬岩透镜体,在施工方法得当、保护措施及时,保持岩体天然状态下各部位承载力可按表4-3考虑。设计上可根据工程规模、建筑物结构形式和工程处理措施等条件酌情选取。

表 4-3   主坝坝基力学参数建议值(初设阶段)

序号	桩号	位置	工程部位	岩性特征	抗剪指标	抗剪断指标		承载力
					f	f'	C'(MPa)	R(MPa)
1	110~150	左岸	北干安装间、北干电站	杂色泥岩、泥岩夹少量砂岩透镜体,强风化	0.2	0.22	0.03	0.32
2	150~220	美利渠两侧	河床电站	杂色泥岩、泥岩夹少量砂岩透镜体,弱风化	0.23~0.25	0.25~0.27	0.035	0.35
3	220~275	河床左侧	河床电站、排水泵房	以泥岩为主,夹少量砂岩、灰岩透镜体,弱风化	0.28	0.3	0.035	0.37
4	275~299	河床左侧	泄洪闸	以泥岩为主,夹少量砂岩、灰岩透镜体,强风化	0.26	0.28	0.035	0.35
5	299~332	河床右侧	泄洪闸	泥页岩与灰岩、泥质灰岩互层,强风化	0.35	0.38	0.03	0.45
6	332~375.5	河床右侧	泄洪闸	炭质页岩为主,夹少量泥岩、砂岩,强风化	0.25	0.28	0.03	0.35
7	375.5~401	角渠两侧	泄洪闸、南干电站	砂岩夹泥页岩,强风化至弱风化	0.4	0.45	0.05	0.8
8	401~490	右岸	南干电站、南干安装间、工程边坡	以泥岩为主,夹砂岩透镜体,强风化至弱风化	0.26~0.28	0.28~0.3	0.035	0.35~0.37

4.3.2   技施阶段建议力学参数

施工期在建基面保护层上进行载荷试验和抗剪试验等原位测试工作,进一步研究软岩工程地质特性,复核力学参数建议值,优化设计。

4.3.2.1   坝基抗滑稳定及抗剪指标选取

坝基岩体以结构面发育的极软岩为主,局部夹少量的砂岩或灰岩透镜体。基坑刚开挖后,岩体潮湿,此刻取样进行含水率测试,含水率一般在 10% 左右。其中灰质泥岩、炭质页岩多为 8%~11%,杂色泥岩多为 11%~13%。

本区气候干燥,开挖后岩体暴露在空气中极易风干。此次中剪取样过程一般需几个小时,大剪试件加工则需十几个小时。在取样和试件加工过程中虽认真采取了保护措施,但仍会失去部分水分,剪后取样进行含水率测试证明了这一点(炭质页岩、灰质泥岩、杂色泥岩试件含水率分别为 5.62%、6.22%、7.82%)。

根据室内岩石力学试验成果,软岩力学强度与含水率密切相关,随含水率增加,其力学指标逐渐降低。

　　技施阶段大剪试验层位接近建基面,试件剪切面的破坏特点基本反映了岩体的破坏形式。在抗剪指标选取时,以坝基开挖至建基面保护层时所进行的3组大型现场抗剪试验成果为基础,结合同期在此层位取样所进行的20组中剪试验成果,作为坝基岩体抗剪强度参数试验值的取值依据。同时考虑含水率变化对试验成果的影响,以及坝基岩性组合等因素,建议抗剪强度参数按试验值乘以0.8~0.85的系数予以折减。此取值原则,对于杂色泥岩等构造型极软岩而言,提出的抗剪强度值高于相应的流变(长期)强度的小值平均值,但考虑到主要水工建筑物基本属于轻型建筑物,所以亦就按上述取值原则提出其建议值(见表4-4)。

表4-4　坝基岩体力学指标建议值(技施阶段)

工程部位	岩性组合	大剪试件岩性组合	大剪试件含水率(%)	抗剪指标试验值			抗剪指标建议值			极限荷载平均值(MPa)	承载力标准值(MPa)
				抗剪断		抗剪	抗剪断		抗剪		
				f'	C' (MPa)	f	f'	C' (MPa)	f		
北干电站、北干安装间	杂色泥岩(灰黄色),强风化						0.22	0.03	0.2		0.26
河床电站1号、2号坝段	杂色泥岩(灰褐色),夹少量砂岩,硬岩占8%~17%	杂色泥岩(灰褐色),硬岩占0.5%~7.8%,平均4.7%	6.72~8.78,平均7.82	0.29	0.07	0.29	0.24	0.04	0.24	0.654	0.32
河床电站3号、4号坝段,隔墩坝段,泄洪闸1号坝段	灰质泥岩,夹少量砂岩,硬岩占5%~13%	灰质泥岩,硬岩占1%~10%,平均4%,其中一块试件含30%煤块	6.05~6.51,平均6.22	0.34	0.049	0.33	0.29	0.039	0.28	0.815	0.35
泄洪闸2号坝段	灰岩和泥页岩互层						0.38	0.03	0.35		0.45
泄洪闸4号坝段,3号、5号部分坝段	炭质页岩,局部夹煤线。北侧泄洪闸3号坝段夹灰岩透镜体	炭质页岩,试件剪切面硬岩占0~10%,平均3%	4.61~6.54,平均5.62	0.31	0.044	0.31	0.25	0.035	0.25	0.756	0.3

工程部位	岩性组合	大剪试件岩性组合	大剪试件含水率(%)	抗剪指标试验值			抗剪指标建议值			极限荷载平均值(MPa)	承载力标准值(MPa)
				抗剪断		抗剪	抗剪断		抗剪		
				f'	C' (MPa)	f	f'	C' (MPa)	f		
泄洪闸 5 号、6 号部分坝段	砂岩夹页岩						0.45	0.04	0.4		0.8
南干电站、南干安装间	灰质泥岩、炭质页岩夹少量砂岩透镜体						0.28	0.035	0.26		0.32

4.3.2.2　坝基岩体承载力的确定

现场载荷试验点已接近于建基面。坝基岩体承载力的确定以载荷试验成果为基础，将极限荷载平均值取 2.5 倍安全系数作为承载力标准值。由于河床电站坝段含有数量不等的硬岩透镜体，在试验成果基础上考虑到岩性组合对其再做适当调整，给出不同坝段坝基承载力标准值(见表 4-4)。

坝基石炭系地层主要由泥岩、灰质泥岩、杂色泥岩、砂质泥岩、炭质页岩等经构造变动而形成的构造型软岩和极软岩组成，其间夹有少量砂岩和灰岩等中硬岩透镜体。除河床右侧臭牛沟组中部及角渠附近中硬岩相对集中外，其他部位软岩含量多在 85% 以上，中硬岩起不到骨架作用(具体地层分布见图 4-1~图 4-3)，这与前期勘察结论一致。现场根据试验提出的坝基岩体力学指标建议值，与初步设计阶段提出的坝基力学参数建议值也基本吻合。

4.4　坝基水文地质环境

4.4.1　初步设计阶段水文地质环境研究

4.4.1.1　地下水类型

坝址地下水，根据埋藏条件分为孔隙潜水和孔隙裂隙潜水两类。

孔隙潜水主要埋藏于左岸Ⅰ级阶地砂砾石中，接受大气降水和沙漠地下水的侧向补给，径流较强烈，并以潜流形式向黄河方向排泄。

裂隙潜水埋藏于基岩裂隙中。坝基岩体以泥、页岩等软岩为主，透水性弱。右岸地段有少量砂岩等硬质岩发育，虽然岩体裂隙发育，但由于泥、页岩等软岩阻隔，含水量不丰富，且多形成封闭的透镜状水体。接受大气降水补给，径流、排泄较弱。

4.4.1.2　地下水水质

采集地下水和地表水进行水质分析，泉水和左岸古河床地下水化学类型为 HCO_3^- —Ca^{2+}、Mg^{2+} 或 HCO_2^-、Cl^- —Ca^{2+}、Mg^{2+}，矿化度为 118~448 mg/L，属于淡水，对普通硅酸盐水泥无腐蚀性。

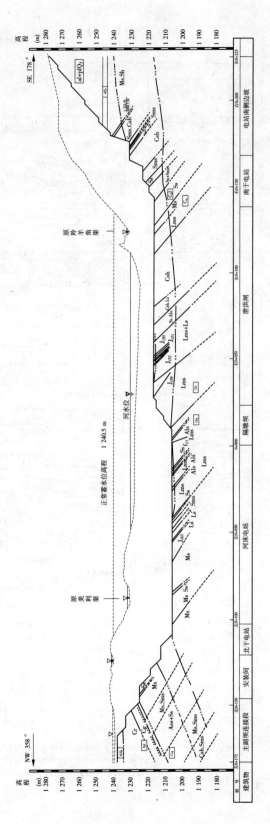

图 4-1 施工期实际编录坝轴线地质剖面图

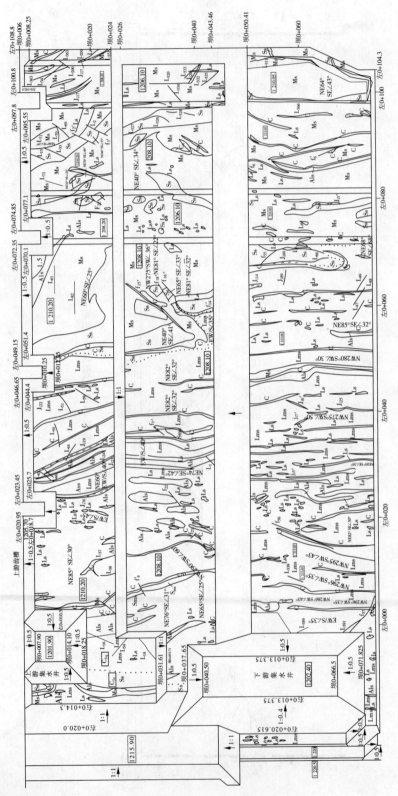

图 4-2 河床电站基坑编录图

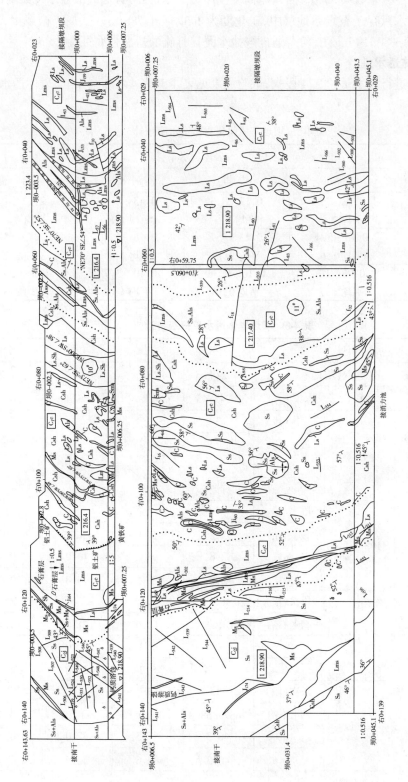

图 4-3 泄洪闸基坑编录图

黄河水泥沙含量较高,SO_4^{2-}含量略高于左岸地下水,但对普通硅酸盐水泥无腐蚀性。

右岸地下水赋存于石炭系地层中,矿化度为 1 378~1 788 mg/L,属于微咸水,SO_4^{2-}含量为 500.28~806.9 mg/L,对普通硅酸盐水泥具有硫酸盐型强腐蚀性。

4.4.1.3 岩体透水性

在坝址共进行压水试验 274 段次,试验成果见表 4-5、表 4-6 和图 4-4。岩体透水性具有如下特征:

表 4-5 坝址不同风化岩体透水率统计

岩体风化程度	岩体透水率(Lu)			
	全区	左岸	河床	右岸
强风化带	0.13~28 平均2.9	0.13~8.3 平均1.3	0.43~8.0 平均1.8	2.1~28 平均6.8
弱风化带	0.13~5.4 平均1.6	0.13~3.7 平均0.73	0.16~4.4 平均1.4	0.07~5.4 平均2.2
微风化带	0.06~10 平均1.1	0.10~0.36 平均0.18	0.10~3.7 平均1.0	0.06~10 平均2.3

表 4-6 坝址岩体透水率分级统计

地层		项目		全区	左岸	右岸	河床
石炭系		总段次(段)		249	32	50	167
		总段长(m)		1 245.43	158	253.43	834
	透水率分级	>10 Lu	段次(段)	3			
			段长(m)	14.8			
			%	1.2		6.0	
			%	1.2		5.8	
		10~5 Lu	段次(段)	7	1	5	1
			段长(m)	35.25	5.0	25.25	5
			%	2.8	3.1	10.0	0.6
			%	2.8	3.2	10.0	0.6
		5~1 Lu	段次(段)	124	3	26	95
			段长(m)	618.8	13.0	131.80	474
			%	49.8	9.4	52.0	56.9
			%	49.7	8.2	52.0	56.8
		<1 Lu	段次(段)	115	28	16	71
			段长(m)	576.58	140	81.58	355
			%	46.2	87.5	32.0	42.5
			%	46.3	88.6	32.2	42.6

地层	项目			全区	左岸	右岸	河床
	总段次(段)			25	25		
	总段长(m)			126	126		
第三系	透水率分级	>10 Lu	段次(段)	2	2		
			段长(m)	10	10		
			%	8.0	8.0		
			%	7.9	7.9		
		10~1 Lu	段次(段)	2	2		
			段长(m)	10	10		
			%	8.0	8.0		
			%	7.9	7.9		
		<1 Lu	段次(段)	21	21		
			段长(m)	106	106		
			%	84.0	84.0		
			%	84.2	84.2		

（1）坝址岩体透水性较弱，在石炭系地层中进行压水试验 249 段次，其中大于 5 Lu 的仅有 10 段次，且均集中在靖远组下部砂岩夹页岩段，其他部位岩体透水率均小于 5 Lu，且多小于 3 Lu。

（2）随着深度增加，岩体风化程度减弱，岩体透水性有减小的趋势。

（3）岩体透水性受岩性和构造控制。砂岩、灰岩岩体裂隙发育，透水性较强；泥、页岩均为微透水或极微透水岩体。因此，坝基岩体透水性具有明显的分带性。

4.4.2 施工期揭露水文地质环境

基坑开挖后，在河床电站 2 号坝段、泄洪闸 5 号、6 号坝段及南干电站局部顺砂岩岩层或砂页岩接触面有地下水出溢，其他地段均无地下水出露。工程竣工后河床电站排水孔仅有少量出水，泄洪闸 5 号、6 号坝段排水孔普遍出水，且水量相对较大。这反映出坝基岩体总体透水性较弱且不均一的特点，与初设阶段结论一致。

排水孔出水水质分析表明，泄洪闸及南干电站水的矿化度为 6 811~8 878 mg/L，属于半咸水，SO_4^{2-} 含量为 1 882~3 052 mg/L，对普通硅酸盐水泥具有硫酸盐型强腐蚀性。河床电站部位水的矿化度为 1 160~1 840 mg/L，属于微咸水，SO_4^{2-} 含量为 332~581 mg/L，对普通硅酸盐水泥具有硫酸盐型中等至强腐蚀性。

地下水无论矿化度还是 SO_4^{2-} 含量均明显高于黄河水，主要是石炭系地层中含有石膏和铁明矾等可溶盐类及黄铁矿所致。因此，混凝土垫层和灌浆材料采用抗硫酸水泥是非常必要的。

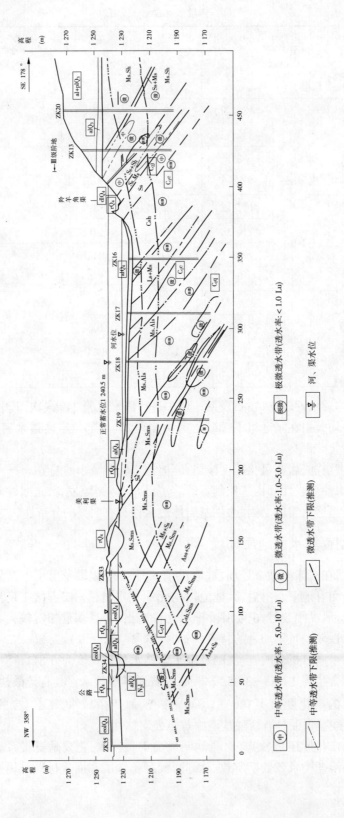

图 4-4 坝轴线渗透剖面图

4.5 初步设计阶段工程地质勘察成果评述

通过工程施工揭露实地资料分析,初步设计阶段对工程地质环境论述、评价及预测工程环境地质问题的结论是正确的。

基坑开挖后,坝基无论在岩性组合、构造发育规律,还是在岩体的透水性上均与初步设计阶段地质勘察结论基本一致。

坝基岩体由于受多期构造运动的强烈作用,岩石变形强烈,岩体破碎,属构造型极软岩,强度低。根据水利部对初步设计的审批意见,在基坑开挖后进行了现场原位试验。坝基岩体承载力和抗剪指标选取以现场试验成果为基础,考虑试验岩体的含水率与天然岩体含水率的差异,以及岩性组合等因素提出的坝基岩体摩擦系数和承载力标准值是合适的,与初设阶段建议值基本一致。对地质勘察揭露的易溶盐、煤线等地质环境缺陷的地质工程处理及针对构造型极软岩特性采取的工程结构措施是有效的。

鉴于沙坡头坝址地质构造的特殊性和复杂性,尤其在坝址区基岩普遍覆盖、工程地质勘察难度大的情况下,在工程勘察工作中通过钻探、物探、坑探、现场原位试验和室内试验等勘察手段,对坝址区工程地质条件进行了科学的分析、评价,地质勘察成果有效地指导了工程建设。

需要指出的是,由于沙坡头地质条件的特殊性和复杂性,国内外在软岩研究方面尚不够成熟的情况下,前期在勘察研究和分析时,有关专家对某些问题存在分歧是正常的。但通过对地质勘察资料的深入分析,最后基本达到意见的统一,在后期的地质勘察工作中起到了很好的参谋作用。

通过初设阶段地质勘察和相应试验,对坝址部位右岸石膏和铁明矾的含量及赋存方式有了初步的分析和结论性意见。在工程施工过程中基本没有发现大的差异。施工过程中针对坝基岩体中石膏和铁明矾溶蚀问题,施工设计采取了专门处理措施,其措施是可行的,也是必要的。

第 5 章　坝基岩体变形研究

5.1　坝基岩体特征

坝基石炭系地层主要由泥岩、灰质泥岩、杂色泥岩、砂质泥岩、炭质页岩等软岩或极软岩组成,其间夹有少量砂岩和灰岩等中硬岩透镜体。在区域压应力场和构造作用下,坝基石炭系地层中破裂结构面发育,岩体完整性差。砂岩、灰岩等半坚硬和坚硬岩集中段岩体以碎裂结构为主,泥、页岩等软岩以散体结构为主,局部地段为碎屑结构。

坝基岩体以构造型极软岩为主,表现出亲水性强、强度低、变形大、时效显著等特点。其中基岩变形不仅影响坝体变形,而且还将影响坝体应力分布状态。为了研究坝基岩体变形特性,施工期埋设变形观测装置,分别监测基坑开挖过程中卸荷回弹变形和混凝土浇筑期压缩变形,研究其变形规律。

5.2　变形点的布设原则

坝基岩体表部由于受风化、卸荷及地表水长期作用,岩石软弱、破碎甚至泥化,不宜作为建筑物基础。综合考虑坝基岩体结构、岩石(体)物理力学性质与岩石风化程度、水工建筑物对地基的要求和工程规模等因素,不同的建筑物选择不同的建基高程:电站坝段基础可位于弱风化带岩体上部;泄洪闸坝段依建筑物要求,基础可位于强风化带岩体中下部。沿坝轴线不同部位建基面高程见表 5-1。

表 5-1　沿坝轴线不同部位建基高程统计

桩号	工程部位	建基高程(m)	开挖深度(m)	建基面处岩体
左 0+148~左 0+123	北干安装间	1 225	15~17	强风化
左 0+123~左 0+103	北干电站	1 221	15~21	强风化
左 0+103~左 0+051	河床电站 1 号、2 号坝段	1 215	14~26	弱风化上部
左 0+051~中 0+000	河床电站 3 号、4 号坝	1 215	12~15	弱风化上部
中 0+000~右 0+023	隔墩坝段	1 215	12	弱风化上部
右 0+023~右 0+062	泄洪闸 1 号、2 号坝段	1 220	6~7	强风化中下部
右 0+062~右 0+081	泄洪闸 3 号坝段	1 219	5~7	强风化中下部
右 0+081~右 0+119	泄洪闸 4 号、5 号坝段	1 218	6~13	强风化中下部
右 0+119~右 0+138	泄洪闸 6 号坝段	1 221	10~24	强风化中下部
右 0+138~右 0+159	南干电站及安装间	1 226	19~24	强风化

在测试点选位时考虑了坝基岩体的地质条件及水工建筑物的特点,分别监测左、右岸边坡的水平方向和基坑垂直方向岩体变形。变形观测点布置如图 5-1 所示,其岩性、安装高程及测试方法见表 5-2。另外,在混凝土浇筑期还埋设了永久性观测设施,其中多点位移计 9 套,基岩变形计 8 套。

表 5-2　坝基岩体变形测试位置

编号	岩性	安装高程(m)	变形方向	测试方法	建基面高程(m)	测试位置
BZK1	杂色泥岩	1 230.89	垂直	多点位移计	1 205.70	1 号电站坝段
BZK2	灰质泥岩夹灰岩	1 227.11	垂直	垂线法	1 205.70	4 号电站坝段
BZK3	灰质泥岩夹灰岩	1 227.22	垂直	多点位移计	1 208.10	4 号电站坝段
BZK4	灰质泥岩夹灰岩	1 227.02	垂直	多点位移计	1 208.10	4 号电站坝段
BZK5	炭质页岩	1 221.92	垂直	多点位移计	1 217.90	4 号泄洪坝段
BZK6	杂色泥岩	1 224.10	水平	多点位移计	—	左岸边坡
BZK7	杂色泥岩	1 223.79	水平	多点位移计	—	左岸边坡
BZK8	砂岩夹泥、页岩	1 223.70	水平	多点位移计	—	右岸边坡
BZK9	砂岩夹泥、页岩	1 223.70	水平	多点位移计	—	右岸边坡

5.3　变形观测方法

变形观测采用两种方式,一种是多点位移计法(利用口径 76 mm 钻孔埋设多点位移计);另一种是垂线法(利用口径 1 500 mm 钻孔埋设观测点)。岩体的变形包括两个方面,即上覆岩体开挖卸荷和坝体混凝土浇筑加荷两个阶段产生的变形。

5.3.1　多点位移计法

5.3.1.1　位移计工作原理

在建基面以下 10.5 m 岩体范围内,每个测孔内设置 4～5 个监测点,分别监测不同深度范围内岩体的变形。岩体的变形包括两个方面,即上覆岩体开挖卸荷导致建基面以下的岩体产生的变形和建坝过程中坝体混凝土浇筑对基岩的反向作用产生的变形。

多点位移计工作状态和多点位移计在基岩中的位置分布见图 5-2 和图 5-3。

多点位移计主要部件工作性能如下。

部件 1:锚固头——由直径 20 mm、长 250 mm 的螺纹钢加工而成,直接锚固在被测岩体深部某个待测位置,假定由此点(锚头)起至岩体深部(包括锚头所在位置)的岩体是不变形的。

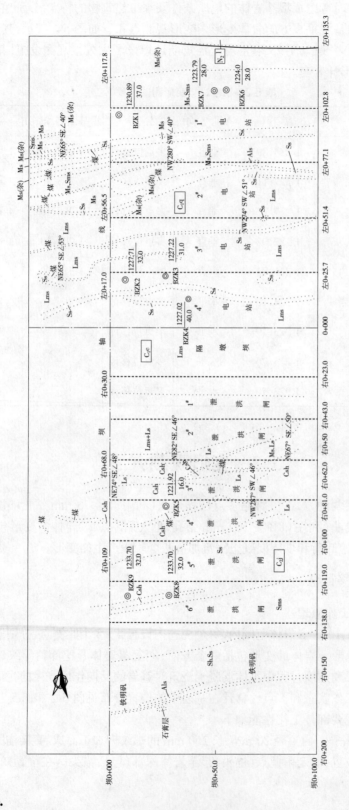

图 5-1 变形观测点布置图

部件 2:测杆——由直径 6 mm、长 2 000 mm 的不锈钢杆连接而成。其作用是测定传感器测头筒与锚固头之间岩体产生的变形。

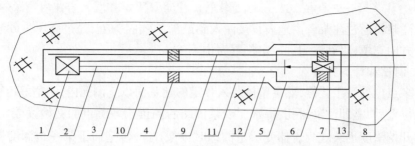

1—锚固头;2—测杆;3—套管;4—扶正板;5—传感器测头筒;6—传感器定位板;
7—位移传感器;8—测量导线;9—注浆管;10—岩体;11—钻孔;12—砂浆;13—建基面

图 5-2　多点位移计工作状态示意图

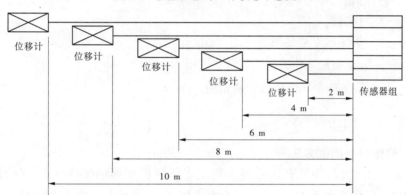

图 5-3　多点位移计在基岩中的位置分布图

部件 3:套管——由多节直径 16 mm 的塑料管组合而成。其作用是将测杆与测杆以外的岩体和封孔固结的砂浆隔离开,确保锚头至建基面范围内的岩体随固结在建基面下传感器测头筒一起运动。岩体产生位移不受测杆约束。

部件 4:扶正板——由 5 mm 厚的硬塑料板加工成直径 60 mm 的圆,其周边具有 4~5 个半圆孔。其作用是通过扶正支撑板上的半圆孔将内装有测杆的套管分隔开,使各组测件之间不能相互干扰。

部件 5:传感器测头筒——由不锈钢材料加工而成,其作用是固定、封闭传感器,使其在高水头压力下仍能正常工作;调整传感器测针与测杆之间的相对位置,控制传感器的量程范围;通过传感器测头筒外壳与建基面表层岩体固结,随建基面表层岩体的起伏变化测试锚头至建基面之间岩体的变形量。

部件 6:传感器定位板——由硬塑料加工而成,其作用是将多个传感器分离开、定位,并将其固定在传感器测筒上。

部件 7:位移传感器——通过和测杆相连接的传感器测针与传感器内的线圈产生相对位置的变化,由电磁感应产生感应电压,通过电感作用将岩体的变形,即岩体的位移数字化。

部件8:测量导线——五芯屏蔽电缆,将传感器测试的岩体位移量传递到地面接收仪内(DB-6D多点位移计)。

部件9:注浆管——直径20 mm尼龙软管。注浆管固定在埋入岩体内最深的锚头上,将砂浆由注浆机通过注浆管由地表直接注入到最深的锚固头处,通过高压将砂浆液由孔底向孔口方向充填,直到注满到预定位置为止。

5.3.1.2 测试和计算方法

先将多点位移计组装好,然后整体装入预定的建基面以下测孔内,调整好传感器测头筒的正确位置后,立即注浆封孔,待水泥砂浆固结后测读出各测点的初始读数 H_{0k},之后按不同的开挖深度逐级观测岩体变形量的即时读数 H_{ik},建基面下某一个深度岩体的回弹变形量 ΔH_{ik} 可用下式计算:

$$\Delta H_{ik} = H_{ik} - H_{0k} \tag{5-1}$$

式中　k——传感器的序号;

　　　i——观测次数;

　　　ΔH_{ik}——第 i 次 k 号传感器变形量,mm;

　　　H_{ik}——第 i 次 k 号传感器的读数;

　　　H_{0k}——开挖前 k 号传感器的初始值。

5.3.2　垂线观测法

5.3.2.1　岩体变形测试方法

图5-4展示出大口径钻孔内垂线法测试岩体回弹变形的工作状态。钻孔直径150 cm,井深32 m。建基面下10 m内安装6个测件,在井壁底部安装1个测量基准件,将其视为岩体在此点以下不产生回弹变形。在基准点以上至建基面埋设6个不锈钢测件。以工程区外的二等水准点为起始点,利用几何水准测量的方法引测井内基准点及各测件的高程,测量精度按二等水准测量的要求进行,将这些高程及其相互高差作为各测件与基点在坝基开挖之前的初始值。随着上覆岩体开挖深度的不同,使用经过鉴定的尼龙涂层钢尺,在其下端挂上4 kg重锤,通过调整井口设置的悬挂钢尺的三角架位置,使钢尺靠近锚固在井壁上的各测件,利用钢尺上的读数及游标卡尺读出各测件的读数,最小读数为0.01 mm。根据这些读数,经过尺长、拉力、温度等一系列改正,求出各测件相对于基准点的高差,将其与开挖前测量值进行比较,得出建基面下坝基岩体所产生的变形量。

5.3.2.2　测试步骤

(1)每次测试时,首先检查各测件的水平状态是否有异常。

(2)用钢卷尺测试各测件相对于基准点的高差值。

先将钢卷尺一端挂上重锤,通过在井口上架设的三角架、穿过其上的定滑轮吊入竖井中,选好测尺的零点位置,再将测井口上方三角架下的定滑轮与钢卷尺固定住。具体测读时,在钢卷尺上读出厘米数,在游标卡尺上读出毫米数,最小读数为0.01 mm。经过误差改正,第一次测读结果即定为各测件的初始值。

(3)室内对测试结果进行误差改正和基岩回弹变形量计算。

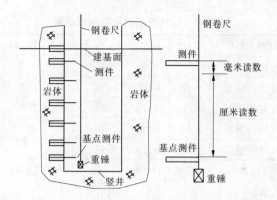

图 5-4 大口径竖井内垂线法测试岩体回弹变形

计算公式如下：

$$\Delta H_{ik} = H_{ik} - H_{0k} \tag{5-2}$$

式中 i——观测次数；

k——测件的序号；

ΔH_{ik}——第 i 次 k 号测件变形量，mm；

H_{ik}——第 i 次 k 号测件真实高程值；

H_{0k}——开挖前 k 号测件高程的初始值。

$$H_{ik} = H_a + h_{ik} \tag{5-3}$$

式中 H_a——基准点的高程；

h_{ik}——经过对温度、加重、垂曲度影响因素校正后的测件相对于测量基准点的高差值。

$$h_{ik} = g + \Delta g_1 + \Delta g_2 + \Delta g_3 \tag{5-4}$$

式中 g——利用钢卷尺和游标卡尺测量测件相对于基准点的高差值；

Δg_1——温度改正值，$\Delta g_1 = (t_1 - t_0)ag$（其中 t 为观测时的平均温度，t_0 为检定时温度 20 ℃，$a = 0.000\ 011\ 5$）；

Δg_2——拉力改正值，$\Delta g_2 = [g(q - q_0)]/(f \cdot e)$（其中 q 为传递高程时钢卷尺下端挂锤重量，q_0 为钢卷尺检测时的拉应力，f 为钢卷尺的横截面面积，e 为钢卷尺的弹性模量）；

Δg_3——$\Delta g_3 = (w^2 g^3)/(24q^2)$（其中 w 为钢卷尺每米重量）。

5.4 开挖期变形测试

5.4.1 变形测试成果

伴随坝基开挖岩体产生变形，其测试成果见表 5-3。

1～5 号及 7 号、8 号测点基坑开挖变形与开挖深度、时间的关系分别见图 5-5～图 5-18。

表 5-3　基坑开挖期变形测试成果

测点	方法	参数									
1号测点	多点位移计法	开挖深度(m)		0.00	6.00	13.64	17.50	19.39	19.39	21.89	25.19
		开挖天数(d)			11	14	38	47	71	94	105
		变形量(mm)	1号传感器	0.00	0.78	1.58	5.78	6.93	7.91	11.71	23.15
			2号传感器	0.00	0.39	1.43	5.41	5.87	6.93	9.79	21.24
			3号传感器	0.00	0.58	2.0	4.36	4.71	5.51	8.75	17.97
			4号传感器	0.00	0.70	1.33	3.07	—	4.50	8.17	14.69
2号测点	垂线法	开挖深度(m)		8.18	11.18	13.88	15.61	15.61			
		开挖天数(d)			2	10	13	15			
		变形量(mm)	1号测件	0.00	8.60	10.50	10.00	14.35			
			2号测件	0.00	1.00	5.90	4.00	9.50			
			3号测件	0.00	0.00	2.60	1.80	6.46			
			4号测件	0.00	-0.10	0.00	-0.01	2.73			
3号测点	多点位移计法	开挖深度(m)		3.50	7.69	10.69	13.50	14.35	16.72	16.72	17.22
		开挖天数(d)		17	20	23	25	28	38	63	78
		变形量(mm)	1号传感器	0.22	3.02	5.00	9.02	9.25	11.45	13.16	13.79
			2号传感器	0.19	3.07	4.80	8.15	8.29	9.71	12.69	13.71
			3号传感器	-0.20	1.98	3.30	7.07	7.25	8.99	10.29	10.89
			4号传感器	-0.20	1.68	2.78	7.09	7.31	8.38	8.73	9.34
4号测点	多点位移计法	开挖深度(m)		2.50	4.50	6.40	10.49	13.19	16.52	17.52	17.52
		开挖天数(d)		10			28	23	41	73	81
		变形量(mm)	1号传感器	1.23	1.53	3.20	5.58	15.41	19.48	22.23	22.56
			2号传感器	1.20	1.52	3.08	5.72	—	—	—	—
			3号传感器	1.07	1.33	2.45	5.00	13.50	18.05	20.83	21.15
			4号传感器	—	—	—	4.00	12.17	14.33	16.41	16.59
5号测点	多点位移计法	开挖深度(m)		0.00	1.00	2.60	2.60	2.92	2.92	2.92	4.02
		开挖天数(d)			5	7	36	61		73	89
		变形量(mm)	1号传感器	0.00	2.37	3.15	4.82	5.74	6.10	6.15	16.97
			2号传感器	0.00	2.29	3.00	4.47	5.32	5.78	5.83	16.36
			3号传感器	0.00	2.31	2.93	4.19	4.97	5.48	5.51	16.05
			4号传感器	0.00	2.12	2.78	3.71	4.40	4.78	4.81	15.28
7号测点	多点位移计法	水平开挖(m)		0.00	2.00	9.00	10.00	14.00	18.79	18.79	18.79
		开挖天数(d)			3	13	17		21	33	41
		变形量(mm)	1号传感器	0.00	0.38	10.74	11.05	11.37	11.54	12.55	12.96
			2号传感器	0.00	0.30	6.62	6.69	6.74	6.78	7.05	7.27
			3号传感器	0.00	0.22	5.57	5.81	6.01	6.13	6.71	7.10
			4号传感器	0.00	0.22	5.19	5.22	5.23	5.80	6.17	6.63
			5号传感器	0.00	—	3.11	3.34	3.55	3.68	4.34	4.59

测点	方法									
8号测点	多点位移计法	水平开挖(m)		0.00	12.50	16.50	19.50	19.50	19.50	
		开挖天数(d)			9	11	12	13	14	
		变形量(mm)	1号传感器	0.00	3.40	4.39	4.48	4.49	4.50	
			2号传感器	0.00	2.45	3.30	3.32	3.34	3.35	
			3号传感器	0.00	—	—	—	—	—	
			4号传感器	0.00	1.42	2.10	2.13	2.14	2.14	
9号测点	多点位移计法	水平开挖(m)		0.00	7.00	12.50	16.50	19.50	19.50	19.50
		开挖天数(d)			6	9	11	12	13	14
		变形量(mm)	1号传感器	0.00	2.96	3.02	−0.56	—	—	—
			2号传感器	0.00	2.25	2.27	−0.29	−4.60	−4.67	−4.67
			3号传感器	0.00	2.18	2.21	0.47	—	—	—
			4号传感器	0.00	1.93	1.98	−0.13	−5.63	−5.68	−5.68
			5号传感器	0.00	1.70	1.79	1.57	—	—	—

注："—"表示数据异常或设备故障，其他为变形量数据。表中数据正值为回弹变形量，负值为压缩变形量。

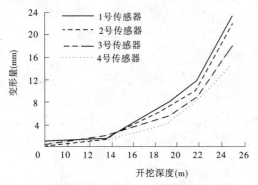

图 5-5　BZK1 测点变形与基坑开挖
深度的关系图

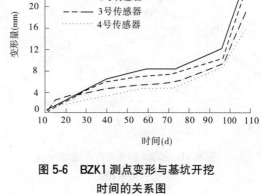

图 5-6　BZK1 测点变形与基坑开挖
时间的关系图

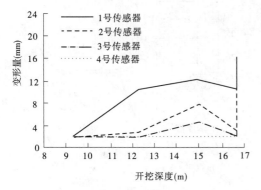

图 5-7　BZK2 测点变形与基坑开挖
深度的关系图

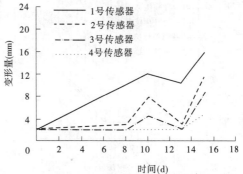

图 5-8　BZK2 测点变形与基坑开挖
时间的关系

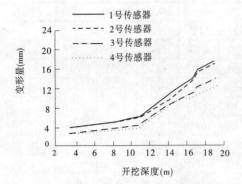

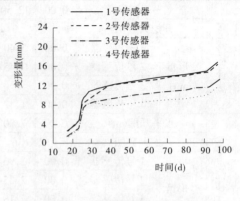

图 5-9　BZK3 测点变形与基坑开挖　　　　图 5-10　BZK3 测点变形与基坑开挖
深度的关系图　　　　　　　　　　　　时间的关系图

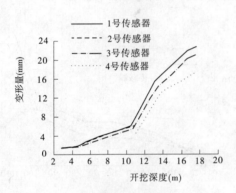

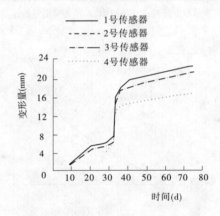

图 5-11　BZK4 测点变形与基坑开挖　　　　图 5-12　BZK4 测点变形与基坑开挖
深度的关系图　　　　　　　　　　　　时间的关系图

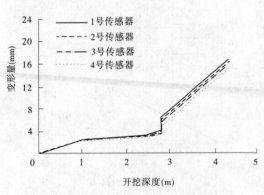

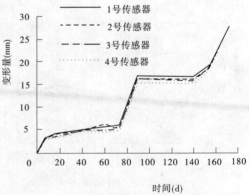

图 5-13　BZK5 测点变形与基坑开挖　　　　图 5-14　BZK5 测点变形与基坑开挖
深度的关系图　　　　　　　　　　　　时间的关系图

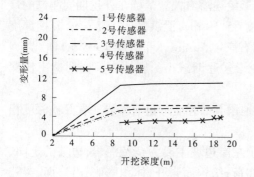

图 5-15　BZK7 测点变形与基坑开挖
深度的关系图

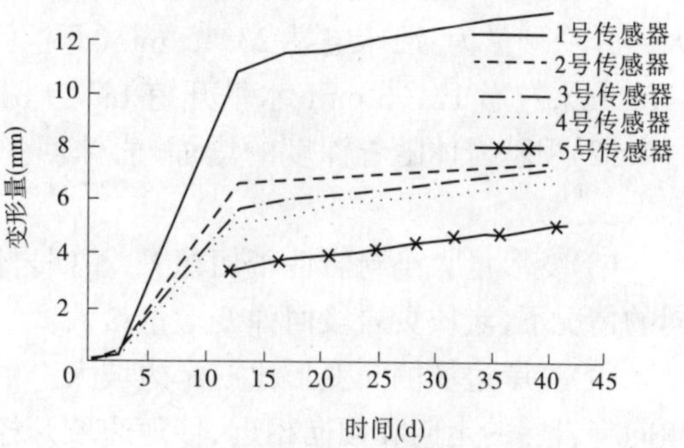

图 5-16　BZK7 测点变形与基坑开挖
时间的关系图

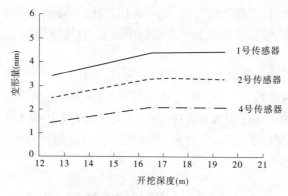

图 5-17　BZK8 测点变形与基坑开挖深度的关系图

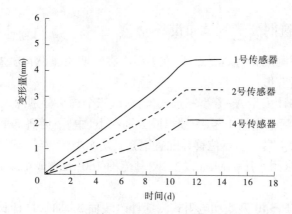

图 5-18　BZK8 测点变形与基坑开挖时间的关系图

5.4.2　测试成果分析

施工开挖期,伴随岩体开挖与卸荷,不同岩性、不同地段均发生回弹变形,测试结果反映出坝基软岩变形呈如下特点:

(1)随着开挖深度的增加,坝基岩体回弹变形量逐渐增大。基坑在开挖期间测试的最大回弹变形量为:河床电站23.15 mm(开挖深度25.19 m),泄洪闸16.97 mm(开挖深度4.52 m),左岸12.96 mm(水平开挖18.79 m),右岸4.5 mm(水平开挖19.5 m)。

(2)坝基岩体随着深度的增加,岩体回弹变形量逐渐减小。岩体表部变形速率比深部大。

(3)变形量大小与岩性密切相关,不同岩性地段其回弹变形量有差异。在开挖深度相同的情况下,炭质页岩段回弹变形量最大。

(4)左岸边坡侧向变形比右岸边坡大。由于左岸边坡主要为杂色泥岩,边坡的走向、倾向与岩层的走向和倾向相近,伴随边坡开挖卸荷,结构面张开,体积膨胀,沿层面、裂隙面发生回弹,甚至发生塌滑。而右岸边坡主要为砂页岩,边坡的走向与岩层的走向虽相近,但倾向相反,边坡开挖卸荷对结构面影响小,因而左岸边坡回弹变形比右岸大。

(5)坝基岩体产生变形主要是地应力场和重力卸荷共同作用的结果。回弹变形量不仅与岩体结构类型、岩性、开挖深度有关,还与岩层产状、节理裂隙发育程度等有关。岩层倾角小、地层平缓部位,层面裂隙对回弹变形影响较大,岩层倾角越大,层面裂隙对回弹变形的影响越小。

(6)坝基泥岩和页岩较为软弱,发生塑性变形后的残余变形大,储存的弹性变形能量少,卸荷回弹变形普遍滞后,持续时间长,变形量大。1~5号观测点在基坑开挖的观测期一直处于回弹变形状态,其变形量一直在增长。砂岩、灰岩等中硬岩段(8、9号观测点)发生变形后储存的弹性变形能比泥、页岩多,回弹变形滞后时间相对较短,一般一天之内就趋于稳定,其变形量也小。

5.5　混凝土浇筑期变形测试

5.5.1　混凝土浇筑期变形测试布设

坝基岩体变形观测除原有观测点外,在混凝土浇筑期还埋设有永久性观测设施,其中有多点位移计和基岩变形计。

永久性多点位移计采用A-6型三点式位移计,三个锚头分别深入基岩5 m、10 m、30 m,共布置9套,其中河床电站1号、3号坝段分别在上、中、下游各布置1套,2号泄洪闸在上、中、下游各布置1套。多点位移计配置钢弦式防水型传感器、玻璃纤维传递杆、灌浆锚头,其中传感器要求耐水压1 MPa以上,测量范围150 mm,最小读数不大于0.000 99 mm。

基岩变形计由CF-40型差动电阻式测缝计改装而成,加长杆杆长5.5 m,分别布置在隔墩坝和4号泄洪闸的上、中、下游及南干电站的上、下游,共计8套。基岩变形计用测缝计改装,要求量程不小于40 mm,分辨率0.07 mm,精度0.2 mm,绝缘电阻大于100 MΩ,耐水压0.5 MPa以上。

具体测试位置见表5-4。

表 5-4　坝基永久性观测点位置统计

序号	编号	桩号	说明
1	1 号—1	左 0+087.7，下 0+005.5	河床电站 1 号坝段 多点位移计
2	1 号—2	左 0+087.7，下 0+033.91	
3	1 号—3	左 0+087.7，下 0+072.5	
4	3 号—4	左 0+036.3，下 0+005.5	河床电站 3 号坝段 多点位移计
5	3 号—5	左 0+036.3，下 0+033.91	
6	3 号—6	左 0+036.3，下 0+072.5	
7	泄—7	右 0+052.5，下 0+006.0	泄洪闸 2 号坝段 多点位移计
8	泄—8	右 0+052.5，下 0+021.1	
9	泄—9	右 0+052.5，下 0+041.5	
10	隔—1	右 0+008，下 0+001.0	隔墩坝段 基岩变形计
11	隔—2	右 0+008，下 0+031.0	
12	隔—3	右 0+008，下 0+066.0	
13	泄—1	右 0+090.5，下 0+006.0	泄洪闸 4 号坝段 基岩变形计
14	泄—2	右 0+090.5，下 0+021.1	
15	泄—3	右 0+090.5，下 0+041.5	
16	南干—1	右 0+141.0，下 0+000.5	南干电站 基岩变形计
17	南干—2	右 0+141.0，下 0+045.5	

5.5.2　变形测试成果

混凝土浇筑期间,基坑岩体仍在继续发生变形,其成果见表 5-5。

表 5-5　混凝土浇筑期变形测试成果

1 号测点	多点位移计法	浇筑高程(m)		1 205.7	1 215.2	1 222.8	1 229.5	1 233.5	1 236.0	1 239.3	1 242.6
		观测日期 (年-月-日)		2002 -08-18	2002 -11-03	2002 -12-07	2002 -12-21	2003 -03-21	2003 -04-21	2003 -05-19	2004 -02-15
		变形量 (mm)	1 号测件	23.15	—	—	—	—	—	—	—
			2 号测件	21.24	22.45	22.29	21.99	20.56	19.61	18.98	17.04
			3 号测件	17.97	22.40	22.31	22.11	21.34	20.79	20.28	18.00
			4 号测件	14.69	—	—	—	—	—	—	—
2 号测点	垂线法	浇筑高程(m)		1 205.7	1 214.1	1 215.2	1 229.5	1 233.5	1 239.3	1 241.30	1 242.6
		观测日期 (年-月-日)		2002 -08-27	2002 -11-03	2002 -12-07	2003 -03-30	2003 -05-02	2003 -06-17	2003 -08-11	2003 -12-27
		变形量 (mm)	1 号测件	14.35	32.13	26.13	23.96	21.78	18.4	18.01	8.20
			2 号测件	9.50	29.58	18.03	15.18	12.33	10.675	9.51	6.15
			3 号测件	6.46	26.16	10.96	9.13	7.29	4.285	5.40	3.04
			4 号测件	2.73	18.86	5.31	4.50	3.68	2.69	3.30	1.28

		浇筑高程(m)	1 208.1	1 212.9	1 214.1	1 218.6	1 222.0	1 224.0	1 229.1	1233.5
3号测点	多点位移计法	观测日期 (年-月-日)	2002 -08-27	2002 -10-17	2002 -11-03	2002 -11-28	2003 -03-06	2003 -04-28	2003 -06-14	2004 -03-05
		变形量 (mm) 1号测件	13.79	—	—	—	—	—	—	—
		2号测件	13.71	−9.68	−10.76	−8.58	−6.70	−7.58	−8.05	−8.52
		3号测件	10.89	—	—	—	—	—	—	—
		4号测件	9.34	−6.42	−6.28	−6.44	−6.28	−6.28	−6.51	−6.28
5号测点	多点位移计法	浇筑高程(m)	1 217.9	1 219.00	1 219.00	1 219.00	1 219.00	1 219.00		
		观测日期 (年-月-日)	2002 -06-29	2002 -08-08	2002 -08-18	2002 -09-03	2002 -09-10	2002 -09-20		
		变形量 (mm) 1号测件	16.97	16.88	16.83	19.61	23.48	27.99		
		2号测件	16.36	16.28	16.27	19.00	23.30	—		
		3号测件	16.05	16.01	15.98	18.37	23.33	—		
		4号测件	15.28	15.20	15.16	17.99	22.38	—		

注:①"—"表示数据异常或设备故障,其他为变形量数据。

②表中数据正值为回弹变形量,负值为压缩变形量。

受施工因素的影响和破坏,在施工过程中 4 号测点和 5 号测点先后遭到破坏。左右岸边坡变形观测随边坡开挖结束而结束。1、2、3 号测点在混凝土浇筑期岩体变形与时间的关系见图 5-19。

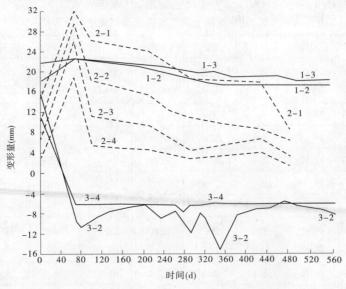

图 5-19　BZK1、BZK2、BZK3 测点在混凝土浇筑期岩体变形与时间的关系图

永久性多点位移计和基岩变形计测试成果见表 5-6、表 5-7。

表 5-6 永久性多点位移计变形观测成果

河床电站1号坝段	上游	浇筑高程(m)		1 207.8	1 214.14	1 216.6	1 229.5	1 233.5	1 239.3	1 242.6	1 242.6
		观测日期 (年-月-日)		2002 -09-04	2002 -10-19	2002 -11-08	2003 -01-12	2003 -03-12	2003 -05-15	2003 -07-15	2003 -09-15
		变形量 (mm)	1—1	0	1.50	2.02	1.00	0.30	−1.66	−3.70	−4.36
			1—2	0	−0.11	−0.12	−0.94	−1.63	−3.70	−6.24	−8.51
			1—3	0	0.02	0.06	−0.83	−1.54	−3.55	−6.31	−9.84
	中部	浇筑高程(m)		1 208.2	1 214.14	1 215.15	1 215.15	1 224.0	1 231.5	1 233.5	1 233.5
		观测日期 (年-月-日)		2002 -10-06	2002 -11-08	2002 -12-17	2003 -01-12	2003 -03-12	2003 -05-15	2003 -07-15	2003 -09-15
		变形量 (mm)	2—1	0	−0.40	−0.50	−0.46	−0.49	−1.05	−1.55	−1.87
			2—2	0	−0.18	−0.18	−0.22	−1.00	−3.14	−4.94	−6.24
			2—3	0	−0.68	−0.98	−2.12	−3.82	−8.38	−11.60	−14.02
	下游	浇筑高程(m)		1 214.14	1 216.6	1 216.6	1 216.6	1 216.6	1 223.8	1 229.47	1 232.5
		观测日期 (年-月-日)		2002 -10-09	2002 -11-08	2002 -12-17	2003 -01-12	2003 -03-12	2003 -05-15	2003 -07-15	2003 -09-15
		变形量 (mm)	3—1	0	0.29	0.80	1.54	2.03	0.86	−0.32	−1.43
			3—2	0	0.33	0.89	1.90	2.50	0.78	−1.05	−2.67
			3—3	0	−0.12	0.13	0.60	1.37	1.33	0.18	−2.07
河床电站3号坝段	上游	浇筑高程(m)		1 207.8	1 212.9	1 216.6	1 229.5	1 231.5	1 239.3	1 242.6	1 242.6
		观测日期 (年-月-日)		2002 -09-06	2002 -10-18	2002 -11-08	2003 -01-15	2003 -03-12	2003 -05-15	2003 -07-15	2003 -09-15
		变形量 (mm)	4—1	0	0.96	2.56	1.83	1.01	−0.73	−2.27	−2.79
			4—2	0	0.02	1.21	1.12	1.14	0.16	−1.72	−3.57
			4—3	0	0.22	1.06	1.03	1.02	1.04	−0.71	−3.93
	中部	浇筑高程(m)		1 210.3	1 212.9	1 214.14	1 215.15	1 222.0	1 229.0	1 231.5	1 233.5
		观测日期 (年-月-日)		2002 -09-14	2002 -10-18	2002 -11-08	2003 -01-15	2003 -03-12	2003 -05-15	2003 -07-15	2003 -09-15
		变形量 (mm)	5—1	0	−0.74	0.28	0.21	−0.52	−1.85	−3.07	−3.96
			5—2	0	2.01	3.42	2.38	1.51	−0.65	−2.53	−4.22
			5—3	0	2.06	3.12	1.77	1.29	−2.26	−4.59	−6.74
	下游	浇筑高程(m)		1 215.15	1 216.09	1 216.09	1 216.09	1 216.09	1 217.5	1 219.1	1229.5
		观测日期 (年-月-日)		2002 -11-03	2002 -11-21	2002 -12-14	2003 -01-15	2003 -03-12	2003 -05-15	2003 -07-15	2003 -09-15
		变形量 (mm)	6—1	0	−0.36	1.41	1.37	1.68	2.62	1.57	1.31
			6—2	0	−0.06	1.47	1.48	1.84	1.85	1.88	1.90
			6—3	0	−0.06	1.21	1.22	1.25	—	—	—

泄洪闸2号坝段	上游	浇筑高程(m)		1 223.2	1 224.50	1 224.50	1 224.50	1 224.50	1 224.50	1 224.50	1 224.50
		观测日期 (年-月-日)		2002 -10-13	2002 -12-03	2002 -12-13	2003 -01-13	2003 -03-13	2003 -05-14	2003 -07-13	2003 -08-23
		变形量 (mm)	7—1	0	2.85	2.80	2.64	2.53	2.36	2.09	2.02
			7—2	0	0.73	0.70	0.65	0.61	0.50	0.65	0.73
			7—3	0	−0.86	−0.91	−1.02	−1.06	−1.00	−0.78	−0.68
	中部	浇筑高程(m)		1 223.2	1 225.1	1 226.1	1 226.1	1 226.1	1 226.1	1 226.1	1 226.1
		观测日期 (年-月-日)		2002 -10-14	2002 -11-13	2002 -12-23	2003 -01-13	2003 -03-13	2003 -05-14	2003 -07-13	2003 -08-23
		变形量 (mm)	8—1	0	4.12	6.29	6.25	6.19	5.80	5.67	5.56
			8—2	0	0.04	0.12	−0.13	−0.43	−0.79	−0.93	−0.98
			8—3	0	0.13	0.20	0.07	−0.03	−0.06	0.09	0.17
	下游	浇筑高程(m)		1 223.2	1 223.2	1 223.2	1 223.2	1 223.2	1 223.2	1 223.2	1 223.2
		观测日期 (年-月-日)		2002 -10-24	2002 -11-13	2002 -12-23	2003 -01-13	2003 -03-13	2003 -05-14	2003 -07-13	2003 -08-23
		变形量 (mm)	9—1	0	2.49	5.00	2.89	3.46	2.64	2.53	2.49
			9—2	0	0.58	−0.46	−0.80	−1.34	−2.41	−2.55	−2.60
			9—3	0	0.15	−0.28	−0.78	−1.11	−1.21	−1.37	−1.43

表 5-7 坝基基岩变形计观测成果

隔墩坝段	上游	浇筑高程(m)	1 207.8	1 210.3	1 212.8	1 221.25	1 221.25	1 232.0	1 236.0	1 242.6
		观测日期 (年-月-日)	2002 -08-27	2002 -09-12	2002 -10-12	2002 -12-12	2003 -02-13	2003 -04-17	2003 -06-15	2003 -10-13
		变形量(mm)	0	3.87	8.33	7.89	7.69	5.94	4.64	4.06
	中部	浇筑高程(m)	1 210.8	1 212.8	1 217.8	1 217.8	1 221.25	1 229.0	1 237.5	1 238.5
		观测日期 (年-月-日)	2002 -09-30	2002 -10-05	2003 -11-09	2003 -01-16	2003 -04-17	2003 -06-15	2003 -08-24	2003 -10-13
		变形量(mm)	0	5.79	15.55	15.44	15.41	15.49	15.37	15.14
	下游	浇筑高程(m)	1 204.0	1 207.8	1 214.8	1 224.0	1 224.0	1 227.0	1 232.0	1 238.5
		观测日期 (年-月-日)	2002 -08-06	2002 -09-16	2002 -10-24	2002 -12-12	2003 -02-13	2003 -04-17	2003 -06-15	2003 -10-13
		变形量(mm)	0	1.60	1.81	1.33	1.08	0.32	0.64	2.04

		浇筑高程(m)	1 218.5	1 221.0	1 225.25	1 225.25	1 225.25	1 225.25	1 225.25	1 225.25
泄洪闸4号坝段	上游	观测日期(年-月-日)	2002-08-26	2002-10-13	2002-11-13	2002-12-13	2003-02-13	2003-04-15	2003-06-14	2003-08-13
		变形量(mm)	0	0.22	10.01	10.00	10.20	20.57	22.18	22.08
	中部	浇筑高程(m)	1 221.0	1 226.1	1 226.1	1 226.1	1 226.1	1 226.1	1 226.1	1 227.0
		观测日期(年-月-日)	2002-10-12	2002-11-13	2002-12-13	2003-02-13	2003-04-15	2003-06-14	2003-08-13	2003-10-12
		变形量(mm)	0	0.72	1.36	1.57	1.84	2.25	2.36	3.25
	下游	浇筑高程(m)	1 221.0	1 223.2	1 223.2	1 223.2	1 223.2	1 223.2	1 223.2	1 223.5
		观测日期(年-月-日)	2002-10-11	2002-11-13	2002-12-13	2003-02-13	2003-04-15	2003-06-14	2003-08-13	2002-10-12
		变形量(mm)	0	0.28	0.37	0.51	0.47	0.47	0.43	0.44
南干电站坝段	上游	浇筑高程(m)	1 218.5	1 226.0	1 230.5	1 230.5	1 230.5	1 232.5	1 237.5	1 242.6
		观测日期(年-月-日)	2002-10-14	2002-11-15	2002-12-13	2003-02-13	2003-04-15	2003-06-14	2003-08-13	2002-10-12
		变形量(mm)	0	0.02	0.19	0.53	0.76	0.24	0.25	0.08
	下游	浇筑高程(m)	1 226.0	1 228.3	1 228.3	1 228.3	1 229.5	1 229.5	1 234.69	1 237.5
		观测日期(年-月-日)	2002-11-22	2002-12-13	2003-01-13	2003-02-13	2003-04-15	2003-06-14	2003-08-13	2002-10-12
		变形量(mm)	0	0.04	0.08	0.08	0.99	6.41	7.17	7.33

5.5.3　测试成果分析

混凝土浇筑期间,坝基岩体变形有如下特点:

(1)坝基岩体变形普遍滞后。在混凝土浇筑初期,坝基岩体仍处于回弹变形状态,最大回弹变形在泄洪闸坝段,为38.53 mm。河床电站最大回弹变形量在河床电站4号坝段A块,为32.13 mm(浇筑高程1 214.1 m,混凝土厚8.4 m),之后开始出现压缩变形。坝基泥岩和页岩较为软弱,发生塑性变形后的残余变形大,储存的弹性变形能量少,卸荷回弹变形普遍滞后,持续时间长,变形量大。砂岩、灰岩等中硬岩段发生变形后储存的弹性变形能比泥、页岩多,回弹变形滞后时间相对较短,变形量小。

(2)随着混凝土浇筑高度的增加,各观测点处变形是不一致的。1号和4号电站坝段A块在混凝土浇筑到1 215.2 m(混凝土厚度9.5 m)高程时回弹变形结束,变形值随混凝土浇筑高程的增加在逐渐减小,其变形数值仍为正值。1号电站坝段A块浇筑到1 242.6 m时,混凝土浇筑了10个月,其2号传感器变形值为18.12 mm,浇筑17个月为17.04 mm,仍为正值。由于变形过程具有一定的滞后效应,随着时间的推移,其变形值逐渐减小。4号机 B 块在浇筑到 1 212.9 m 高程时回弹变形已经结束,开始出现负值。泄洪闸坝段,混凝土浇筑到 1 219 m(混凝土厚 1.6 m)时,5 号测点回弹变形量为 27.99 mm,坝基岩体仍处于回弹变形状态。

(3)坝基岩体变形受岩性和构造等因素控制,不同地段因其岩性和构造不同导致其变形量也不同。

(4)坝基岩体的开挖深度和混凝土的浇筑高度因地而异,混凝土的浇筑速率也存在差异,这是造成坝基岩体变形量因地而异的原因之一。泄洪闸坝段开挖深度小,大部分不到 10 m,混凝土浇筑高度有限,除闸墩外,多数低于原地面高程,且施工浇筑速度也较缓慢。浇筑了 11 个月坝基岩体仍处于回弹变形状态。

(5)随着坝体混凝土浇筑高度的增加,坝基表部岩体变形的变化速率比深部大。这与永久性多点位移计的观测资料是一致的。

5.6 影响坝基岩体变形因素分析

坝基岩体产生变形主要是地应力场和重力卸荷或加荷共同作用的结果,同时受到岩性、岩体结构、赋存条件等因素的影响,岩体变形呈现不同的特点:

(1)岩体变形与岩性及其岩性组合有关,炭质页岩比其他岩性易于发生变形。

(2)岩体变形不仅与其结构类型有关,还与岩层产状、节理裂隙的发育程度等有关。

(3)一般而言,对同一岩性,开挖深度越大,其回弹变形量也越大;同样,混凝土的浇筑高度越高,施加的荷载越大,岩体的变形量随之改变越多。

(4)坝基软岩变形普遍具有滞后性和延续性。

5.6.1 地应力场对坝基岩体变形的影响

地应力场是构造应力场和自重应力场的总称,这两种应力是坝址基坑开挖及混凝土浇筑过程中造成坝基岩体变形的主要因素。

5.6.1.1 构造应力对基坑变形的影响

沙坡头坝址位于窑上复式倒转向斜北翼,其向斜轴位于坝址南约 1.3 km 处。最大水平主应力为 1.16~4.73 MPa,河床电站建基面附近为 1.16~2.28 MPa,主应力方向呈 NNE 向。在基坑开挖时即破坏了应力场原有的平衡状态,伴随基坑的开挖、基坑形状的改变,地应力场要不断地进行调整,以达到某种新的平衡状态。在调整过程中所产生的指向基坑方向的水平应力分量挤压基坑周围的岩体,使其向基坑中心方向发生位移,导致基底岩体向上隆起。由于基坑底板周边受基坑四壁的约束,基坑底板向上回弹隆起量呈周边小,中间大,凸镜形曲线分布。

5.6.1.2 自重应力对基坑变形的影响

将坝基岩体视为弹塑性体,在基坑开挖后,自重应力场相对于建基面而言是处于卸荷状态。伴随上覆岩体的开挖,岩体内储存的弹性能通过向上隆起的方式释放。软岩卸荷回弹变形小,而且变形滞后期长,总体卸荷回弹变形量不大。中、硬岩弹性变形大,变形滞后期短。显然,在自重应力场作用下岩体的卸荷回弹变形量是由岩体中储存的弹性变形能多少和释放量来衡量。

5.6.2 坝基岩体变形地质因素分析

5.6.2.1 软岩变形滞后是普遍现象

岩体中软岩含量越高,开挖后回弹变形滞后时间就越长,以黏土矿物成分为主体构成的各类极软弱岩卸荷回弹变形滞后现象更加突出。在各测试点的基岩变形与时间关系曲线或回弹变形与开挖深度关系曲线中,都可以看出不同类型的泥岩和页岩,在开挖深度不变的条件下,岩体卸荷回弹变形持续时间较长。到统计时间(2~3个月)为止,基岩回弹变形量仍然在缓慢增加。但对右岸坚硬的砂岩,回弹变形时间较短,一般一天之内就趋于稳定,其岩体中主要为弹性变形能。

5.6.2.2 岩性对坝基岩体变形量的影响

坝基地层从大区域上看总体属于软硬相间的层状结构,软岩以塑性变形为主,发生塑性变形后的残余变形大,储存的弹性变形能少;中硬岩则以弹性变形为主,发生变形后储存或释放的弹性变形能比软岩多。

坝基开挖后,由于原赋存环境的变化,软、硬岩两种不同类型的岩体在基坑开挖后,其卸荷回弹变形显现出不同的特点。

从自重应力场考虑,软岩回弹变形小,而且变形滞后期长,总体卸荷回弹变形量不大。中硬岩弹性变形大,变形滞后期短。显然,自重应力场中,岩体的卸荷回弹变形量是由基岩岩体中储存的弹性变形能多少和释放量来衡量。

从构造应力场分析,塑性成分高的软岩与坚硬岩相比,在同样水平应力的挤压下,软岩变形大于中硬岩;基坑底板的岩体向上隆起高度前者大于后者。

5.6.2.3 岩层产状对坝基岩体变形的影响

岩层及结构面的产状对变形影响明显。一方面,坝基的岩层产状变化大、结构面较平缓部位变形量大,伴随其倾角的增大,变形量逐渐减小。另一方面,结构面的倾向在边坡变形中起着至关重要的作用。本工程左、右岸岸坡走向与层面及控制性结构面的走向呈小角度相交。由于左岸边坡的走向、倾角与岩层的走向和倾角很接近,导致裂隙面间距扩大,这是造成左岸边坡变形大的一个主要原因。在左岸边坡开挖过程中,曾多次发生沿层面裂隙的滑坡。在右岸,边坡水平向变形很小的原因之一是右岸底板和边坡基岩为砂岩,其强度高;另一个重要原因就是岩层产状及控制性结构面与边坡的倾向相反。

5.6.3 基坑底板周围岩体的约束作用

BZK1和BZK5两个测试点的测试结果,从绝对数值上看相差不大,但从基岩上覆岩体开挖量来看,BZK1测试点上覆岩体25.19 m厚,最大回弹变形23.15 m,BZK5测试点上覆岩体4.52 m厚,最大回弹变形27.99 mm。BZK1和BZK5测试点同处在一个基坑内,围岩应力场环境是相同的。BZK5测试点基岩回弹变形偏大,其原因有三:其一是两个测试点的岩性不同,BZK1测试点处以杂色泥岩为主,BZK5测试点处则以炭质页岩为主;其二是在构造应力作用下,软岩有较大的挤压变形,基坑底板隆起高;其三就是基坑周围四壁的约束作用,BZK1测试点距西侧直立壁(壁高13.8 m)水平向距离6.5 m,距北侧坝肩坡脚 8.5 m,距测孔东侧 1.5 m 有 4.5 m 高陡壁,而 BZK5 测试点距西侧 28 m 处有直立壁,高 3.5 m,距南侧右岸坝肩坡脚是 60 m,显然,BZK1 测试点基岩回弹变形受基坑底板四周岩体的约束影响要比 BZK5 大很多,导致基坑底板隆起小于 BZK5 测试点。

坝基岩体产生变形主要是地应力场在重力卸荷或加荷进行调整作用的结果,同时受到岩性、岩体结构、赋存条件等因素的影响。

5.6.4 施工进度对变形的影响

施工进度直接影响荷载变化的快慢。我们所观测到的只是特定条件下的岩体变形。一方面,工程在施工过程中不是连续的,而是时断时续。另一方面,施工开挖和混凝土浇筑高度也是模糊值,很难保持同一进度、同一水平,建基面高程及建筑物形式也是因地而异。所有这些客观因素对坝基岩体变形速率的影响是难免的。

本工程现场开挖工作在测试前就已经开始,一方面,虽然测试点周围还没有开挖,但从大的环境应力场上考虑,在小范围内的基岩变形也已经伴随附近岩体的开挖或多或少有了变形。另一方面,监测岩体变形与开挖深度、变形与时间的关系是三维问题,而基坑在单位时间内开挖量是无规律的,这里也只能将单位时间里开挖量不考虑,视为二维平面问题绘制出近似的基岩变形与时间关系曲线。在开挖至建基面上的保护层以后,现场长时间保持现状不变,此阶段的监测是二维平面问题。本次测试结果是特定条件下的坝基岩体变形实测值,并不是所发生的全部变形值。根据工程地质因素、施工情况和岩体变形速率等间接分析各影响因素对测试结果的影响,判断各测试点处变形最大值见表 5-8。

表 5-8 坝基岩体变形最大实测值和判断值

岩组类型	实测变形值 (mm)	判断最大变形值 (mm)	说明
杂色泥岩区	23.15	25～30	测点 BZK1,垂直变形
灰质泥岩夹灰岩	16.57～32.13	30～35	测点 BZK2～BZK4,垂直变形
炭质页岩	27.99	35～40	测点 BZK5,垂直变形
杂色泥岩区	1.79～12.96	15～20	测点 BZK6、BZK7,左岸边坡水平变形
砂岩夹泥页岩	3.02～4.50	10～15	测点 BZK8、BZK9,右岸边坡水平变形

5.7 对测试结果可靠性分析

5.7.1 测试方法的可靠性

5.7.1.1 多点位移计法

多点位移计测试岩体变形在地下洞室和边坡工程中已被广泛应用,这是一个比较成熟的方法。但在开挖岩体之前,将多点位移计埋入建基面以下,而且还有 20～30 m 的水头压力,这种工作条件还是不多见。为了解决这一难点,传感器厂家对产品进行改进,做了高水头密封试验,稳定性和密封效果很好。为了提高防水密封效果,位移计厂还在传感器测头筒内做了二次密封。从现场使用效果来看,测、读数十分稳定,仪器最小读数是 0.01 mm,测试精度也较高。

5.7.1.2　垂线法

该方法的关键,其一是锚固在竖井井壁上的测件要始终保持原来的初始状态,其二是测尺要有一定的精度。在基坑开挖及混凝土浇筑期间,测件水平度没有大的相对变化,说明测件传递的岩体变形量是可靠的。

测尺在使用过程中,每次都要根据当天的环境进行严格的误差改正。这是保证测试精度的重要措施。用游标卡尺读毫米数,最小读数是 0.01 mm,同样可以达到多点位移计测试精度的要求。

5.7.2　影响测试结果的不利因素

5.7.2.1　多点位移计法中的量程问题

用多点位移计法测量建基面以下的岩体变形是将测杆与传感器测头筒内全套部件组装好,然后整体装入基岩钻孔中,用砂浆将多点位移计固结在建基面以下。多点位移计测量岩体变形是靠测杆与传感器测头筒之间的相对位移来传递基岩变形。组装时虽然可以将传感器与测杆之间的接触状态调整到最理想状态,但因传感器测头筒与传递变形的测杆之间不能固定死,因此在整体吊装时就很容易改变原来在地面组装时设定的理想状态,改变传感器的有效量程区间,尤其在地质条件差、钻孔中遇到塌孔等不利情况下更是如此。

5.7.2.2　大口径竖井内测件受外界因素的干扰问题

在后期混凝土浇筑过程中,施工用水经常由上面的排空阀处流入井中,影响观测次数。灌浆施工中,曾将浆液灌入竖井中,致使测件与水泥固结在一起,后通过开挖,虽恢复测件,但变形观测工作不能连续,在中间缺失部分变形量的观测。

5.7.2.3　测试点的破坏问题

在施工过程中,4 号测点和 5 号测点先后遭到破坏,其观测工作被迫中断,不能继续进行观测。好在其破坏点附近还有其他的观测点及后期永久性的观测设备,坝基变形观测工作仍可以继续。

5.8　岩体变形特征综合评价

(1)沙坡头坝基石炭系地层以灰质泥岩、炭质页岩、杂色泥岩等软岩为主,夹有少量砂岩、灰岩透镜体。由于经受强烈构造变动,岩体中结构面发育,尤其以隐微裂隙、微劈理居多,岩石多呈碎片或鳞片状构造,岩体破碎。坝基岩体的变形问题成为本工程的一个主要地质问题。

(2)通过对坝基岩体变形监测,能够全面系统地了解坝基岩体变形状态。观测数据大部分规律性较强,反映了软岩变形的基本规律。基坑开挖时基岩就表现出回弹,而且在混凝土浇筑厚度不大、盖重较小时,基岩仍表现出回弹,随混凝土浇筑厚度增大逐渐转变为沉降变形。岩体变形符合一般规律。

(3)坝基岩体变形不仅与岩体结构类型、岩性、开挖深度、开挖范围有关,还与区域构造、岩层产状、节理裂隙发育程度等有关。岩体变形与开挖深度和时间的关系是三维问题。

(4)沙坡头坝基岩体较为软弱,工程在运行过程中应继续加强坝基岩体变形监测,以了解坝基岩体长期变形趋势,分析变形规律,并对异常情况进行分析判断,发现问题及时采取处理措施,以消除不利隐患。

结　语

　　本书较详细地论述了水利水电工程地质勘察对象是一个复杂的自然地质体,也是一个复杂的开放体系,所以要求工程地质工作者从系统组成元素入手进行地质勘察工作设计,在地质勘察工作过程中进行动态管理,及时地综合分析各类地质资料。

　　本书利用岩体结构控制理论,提出了"构造型极软岩"概念及其岩体的物理力学特征。由于地质勘察工作设计思路较好,地质勘察中实施动态管理,地质勘察工作量虽不大,但搞清了工程地质环境并较好地预测出工程环境地质问题,地质勘察成果经受了工程建设、运行的考验。

参 考 文 献

[1] 孙广忠.岩体结构力学.北京:科学出版社,1988
[2] 周瑞光.围压力学效应及围压系数.北京:科学出版社,1985
[3] 孙广忠,周瑞光.论岩体强度分析.北京:科学出版社,1978
[4] 李广诚,王思敬.工程地质决策概论.北京:科学出版社,2006
[5] 李兴唐.活动断裂研究与评价.北京:地质出版社,1991
[6] 蒋溥,戴丽思.工程地震学概论.北京:地震出版社,1993
[7] 陈德基,等.水利工程勘测分册.北京:中国水利水电出版社,2004

区域卫片

中卫—同心断裂带卫片

沙坡头库区卫片

沙坡头水利枢纽

发育于灰质泥岩中的褶曲

发育于泥岩与砂岩间的层间挤压带

沙坡头坝基基坑

发育于灰质泥岩中的砂岩透镜体

分布于河床中部的灰质泥岩

分布于北干电站部位的杂色泥岩

分布于河床电站 1 号、2 号坝段的灰褐色泥岩

分布于泄洪闸部位的炭质页岩

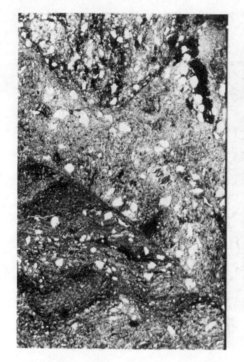

显微镜下：泥岩，黏土矿物沿裂隙错动的揉皱现象

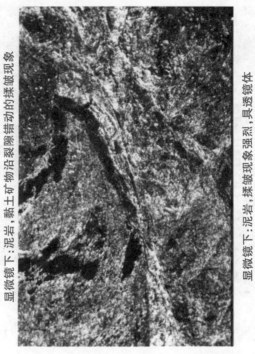

显微镜下：泥岩，揉皱现象强烈，具透镜体

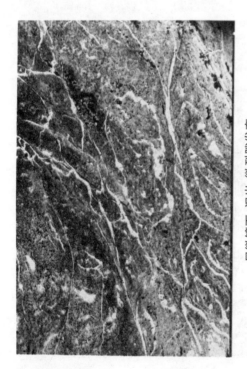

显微镜下：泥岩，微裂隙发育

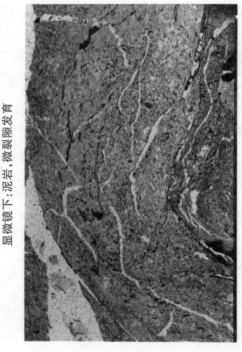

显微镜下：泥岩，揉皱现象明显，具微裂隙

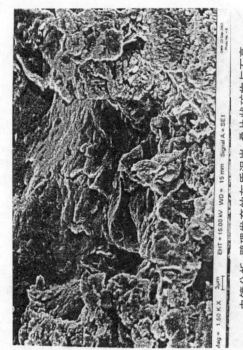

电镜分析：劈理发育的灰质泥岩，叠片状矿物与石膏

电镜分析：劈理发育的炭质页岩 定向排列的水云母片

电镜分析：劈理发育的灰质泥岩，以水云母、高岭石为主

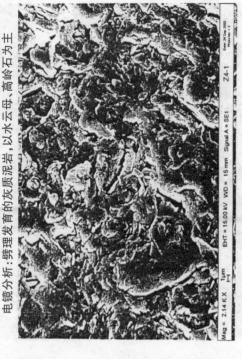

电镜分析：杂色泥岩，呈较大鳞片状分布

杂色泥岩，沿结构面剪破坏

层理欠发育的灰质泥岩，剪破坏

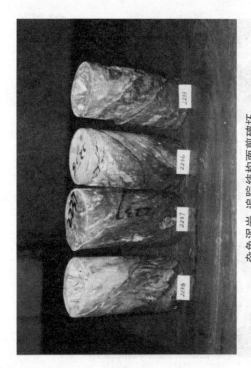

杂色泥岩，追踪结构面剪破坏

杂色泥岩，轻微鼓胀剪破坏

含煤炭质页岩，剪破坏

劈理发育的炭质页岩，剪破坏

劈理发育的灰质泥岩，剪破坏

炭质泥岩，轻微鼓胀剪破坏

炭质页岩大剪试件

炭质页岩大剪试件底面

杂色泥岩(灰褐色为主)大剪试件

灰质泥岩大剪试件

灰质泥岩中剪试件

杂色泥岩中剪试件

炭质页岩中剪试件

杂色泥岩（灰褐色为主）中剪试件

作者简介

杨计申　1941年生,河北省正定县人。教授级高级工程师,首批被确认的注册岩土工程师。

1965年毕业于北京地质学院,从事水利水电工程地质勘察工作40余年。历任水利部天津勘测设计研究院勘测总队地质组组长、主任工程师、副总工程师、总工程师和总工程师兼总队长等职务。曾获国家工程勘察金奖两项,咨询三等奖一项、部级二等奖一项。

洪海涛　1965年10月生,天津市静海县人。1986年毕业于河海大学工程地质及水文地质专业,获学士学位。现任中水北方勘测设计研究有限责任公司地质专业总工程师,高级工程师。主要从事水利水电工程地质勘察及岩土工程勘察研究。

高金平　1962年2月生,山西省临县人,中共党员。1982年2月毕业于黄河水利学校工程测量专业,1990年毕业于北京师范学院计算机专业(函授),获大学本科文凭,学士学位。现任中水北方勘测设计研究有限责任公司地质总队副总队长、党支部书记,高级工程师。主要从事水利水电工程及岩土工程勘察。

乔东玉　1966年3月生,安徽省枞阳县人。1989年毕业于华北水利水电学院工程地质及水文地质专业,获学士学位。中水北方勘测设计研究有限责任公司地质专业项目负责人,高级工程师。